W0253472

Der Steinkohlenbergbau des Preussischen Staates in der Umgebung von Saarbrücken.

VI. TEIL.

Die Entwickelung der Arbeiterverhältnisse auf den staatlichen Steinkohlenbergwerken vom Jahre 1816 bis zum Jahre 1903.

Von

E. Müller,
Kgl. Berginspektor in Saarbrücken.

Mit 3 lithographischen Tafeln.

Springer-Verlag Berlin Heidelberg GmbH
1904.

Additional material to this book can be downloaded from http://extras.springer.com.

ISBN 978-3-662-32503-2 ISBN 978-3-662-33330-3 (eBook)
DOI 10.1007/978-3-662-33330-3

Inhalt.

A. Die Entwickelung der Arbeiterverhältnisse 1816 bis 1861.

B. Die Entwickelung der Arbeiterverhältnisse 1862 bis 1903.

A. Die Entwickelung der Arbeiterverhältnisse 1816 bis 1861.

I. Die Gestaltung des Arbeitsvertrages.

Nachdem am 22. September 1816 das Königliche Bergamt zu Saarbrücken die Verwaltung der Steinkohlenbergwerke des Saarbezirks übernommen hatte, war sein erstes Bestreben darauf gerichtet, neben der Ausgestaltung und Verbesserung der Betriebsanlagen geordnete Arbeiterverhältnisse auf den übernommenen Gruben zu schaffen. Dieses Bestreben fand darin Ausdruck, daß das Bergamt unter Genehmigung des Königlich Preußisch-Rheinischen Oberbergamts in Bonn allgemeine reglementarische Anordnungen erließ, die als grundlegend für die Gestaltung der damaligen Arbeiterverhältnisse angesehen werden können. Die Beschreitung dieses Weges war dadurch gegeben, daß aus der Zeit der Nassau-Saarbrücker und der französischen Verwaltung bereits die Anfänge solcher grundlegenden Bestimmungen in den beiden Reglements zur Knappschaftskasse vom 17. Oktober 1797 und vom 21. Februar 1801, sowie in der vom Berginspektor Knörzer unter dem 1. Juli 1797 erlassenen Instruktion für die Bergleute (s. Teil II S. 106 des vorl. Werkes) vorhanden waren. Doch bedurfte es, den veränderten Verhältnissen entsprechend, teils eines ganz neuen Aufbaues, teils einer tiefgreifenden Veränderung des Bestehenden sowohl inbezug auf das Verhältnis des Arbeiters zum Staat als auch in dem Verhältnis des Arbeiters zur Knappschaftskasse.

Unter den damals durch das Königliche Bergamt für den Saarbrücker Bezirk ergangenen allgemeinen reglementarischen Bestimmungen sind unzweifelhaft die wichtigsten das „Reglement für die Bergleute im Preußischen Bergamtsbezirk Saarbrücken" vom 17. Dezember 1819 (Anlage 1) und die bergamtliche Verordnung vom 29. Januar 1822, als Ausführungsanweisung zur erstern. Hierzu traten das Strafreglement vom 20. März 1820 und die Knappschaftsinstruktion vom 26. November 1817.

Die genannten Anordnungen sind im wesentlichen in der langen Zeit des Bestehens des Königlichen Bergamts zu Saarbrücken in Wirksamkeit geblieben und haben in Verbindung mit der Knappschaftsordnung vom 20. Januar 1839 sowohl die Arbeitsordnung, als auch ein Knappschaftsstatut ersetzt. Sie regelten die verschiedensten Gegenstände und trafen gleichermaßen Vorschriften über das Verhalten der Bergleute in und außerhalb der Grube, über Arbeitsbedingungen, Schichtdauer, Lohnhöhe, Knappschaftswesen u. a. m. Sogar technische Vorschriften über die Hereingewinnung der Kohle, über Ausbau und Abbau der Betriebspunkte und Strecken fanden in den Reglements Aufnahme. Sie wurden noch durch besondere Instruktionen an die Bergleute ergänzt.

Die unmittelbare Beziehung zwischen dem Königlichen Bergamt und dem Knappschaftsverein, dessen Verwaltung dem erstern vollständig oblag, führte erst ganz allmählich dazu, der Knappschaft eine freiere Stellung dem Bergamt gegenüber zu geben und sie andrerseits auf das eigentliche ihr zustehende Gebiet der knappschaftlichen Fürsorge zu beschränken.

Es finden sich daher in der Knappschaftsordnung vom 20. Januar 1839, sowie in der revidierten Ordnung vom 23. Juni 1853 noch eine ganze Reihe reglementarischer Bestimmungen, z. B. über das Verhalten der Bergleute, die mit dem Knappschaftswesen garnichts zu tun hatten. Erst das auf grund des Knappschaftsgesetzes vom 10. April 1854 ergangene Statut vom 29. Januar 1857 hat hier eine durchgreifende Wandlung herbeigeführt. Aus dem Grunde ist auch in diesem Abschnitt auf das Knappschaftswesen, soweit es des besseren Verständnisses wegen nötig war, unmittelbar Bezug genommen worden.

1. Annahme, Ablegung und Einteilung der Bergarbeiter.

Wie im Eingange der Instruktion vom 29. Januar 1822 hervorgehoben wird, unterschied man im Anfang vorigen Jahrhunderts zwischen „vereidigten und unvereidigten“ oder nach dem späteren Sprachgebrauch zwischen „ständigen und unständigen“ Bergleuten. Diese Unterscheidung zwischen den beiden Klassen der ständigen und unständigen Bergleute, die erst mit dem Knappschaftsstatut von 1890 beseitigt wurde, ist wohl zunächst darauf zurückzuführen, daß es die Bergbehörde aus allgemeinen praktischen Gesichtspunkten bezüglich der Erziehung und Ausbildung der Bergleute für nötig erachtete, jedem Arbeiter, der die Arbeit auf einer Grube aufnahm, nicht ohne weiteres das Anrecht zu geben, in die Knappschaft aufgenommen zu werden; dann aber wollte man die Knappschaftskasse nicht durch Aufnahme von ungeeigneten Personen von Anfang an zu sehr belasten. Die Rechte und Pflichten der vereidigten und unvereidigten Personen waren wesentlich verschiedene. Der Unterschied zwischen beiden wird am besten durch den folgenden Wortlaut der

Bestimmungen in den §§ 2 bis 5 des Reglements vom 20. Januar 1839 gekennzeichnet:

„Ständige Bergarbeiter heißen diejenigen, welche sich der Bergarbeit als einem förmlich erlernten Gewerbe ausschließlich widmen, sich zur Treue und zum Gehorsam eidlich verpflichtet haben, in die Knappschaftsrolle eingetragen und mit einem Pflichtscheine versehen sind; unständige hingegen alle diejenigen Arbeiter, welche bei dem Bergbaue nur gelegentlich von den Revierbeamten nach dem jedesmaligen Bedürfnis des Betriebs und des Absatzes zur Tagelöhnerarbeit auf vier Wochen angenommen und so auch wieder entlassen werden.

„Nur die ständigen Bergarbeiter sind Mitglieder des Knappschaftsinstituts und bilden die eigentliche Knappschaft.

„Sie genießen unter den weiter unten angegebenen Wohltaten des Instituts auch den Vorzug, daß sie nur von dem Königlichen Bergamte unmittelbar und in der Regel, wenn nicht besondere Veranlassung dazu vorhanden ist, nur in bestimmten, durch das Strafreglement oder besondere Verordnungen vorgesehenen Fällen eines Vergehens, sowie auch, wenn der Betrieb und Absatz einer Grube in dem Grade stocken sollte, daß augenblicklich keine Beschäftigung für sie vorhanden wäre, in diesem Falle jedoch nur so lange, als der Mangel einer Gelegenheit zur Beschäftigung vorhanden ist, abgelegt werden können, und, wenn sie verheiratet sind, jährlich ein Fuder Kohlen, das sie sich jedoch selbst fördern müssen, unentgeltlich zu beziehen haben.

„Die unständigen Bergarbeiter gehören demnach nicht zur eigentlichen Knappschaft, nehmen daher auch an den Vorteilen, welche das Institut seinen Mitgliedern gewährt, keinen Teil. Da dieselben jedoch, den Bedingungen ihrer Annahme gemäß, Beiträge wie die ständigen Bergarbeiter zur Knappschaftskasse zu entrichten gehalten sind, so soll ihnen, wenn sie während ihrer Beschäftigung mit Bergarbeiten auf einer Grube krank werden, das weitere unten im § 54 festgesetzte Krankenlohn sowie ärztliche Hilfe und Medikamente unentgeltlich auf die Zeit ihrer Annahme zur Arbeit, nämlich auf vier Wochen, verabreicht werden.

„Verunglückt dagegen ein unständiger Bergmann in der Grubenarbeit und wird er dadurch arbeitsunfähig, oder verliert er gar das Leben, so sollen ihm oder seinen Hinterbliebenen mit den Rechten des ständigen Bergmanns die diesem verheißenen Wohltaten der Anstalt zugut kommen."

Die Annahme der vereidigten Bergleute geschah daher nur durch das Bergamt; ebenso konnten sie nur von diesem abgelegt oder, von gewissen Fällen abgesehen, auf andere Gruben verlegt werden. Die unvereidigten Bergleute hatten nur den Anspruch auf zeitweise Beschäftigung und wurden durch die Geschworenen angelegt, von denen sie jederzeit entlassen werden konnten. Ursprünglich sollte ihre Beschäftigung auf der Grube nicht länger als 4 Wochen dauern, dauerte sie länger, so mußten sie wenigstens einen Tag innerhalb eines Zeitraumes von drei Monaten feiern. Das Anteilsverhältnis innerhalb der Belegschaft zwischen vereidigten und unvereidigten Bergleuten war auf durchschnittlich 3 : 1 festgesetzt. Mußte die Belegschaft infolge von Absatzstockungen oder sonstigen Gründen verringert werden, so hatten die vereidigten Bergleute das Recht, nicht eher abgelegt zu werden, bevor nicht sämtliche unvereidigte Bergleute entlassen worden waren. Für die Anlegung und Abkehr, sowie für jede Verlegung von einer Grube zu der andern wurden den Bergleuten besondere Anlege-, Verlege- bezw. Abkehrscheine ausgestellt, die bei jeder Verlegung oder Wiederaufnahme der Arbeit auf einer königlichen Grube als Ausweis vorzulegen waren. Die unständigen Bergleute wurden in der Regel nicht vor dem vollendeten 16. Lebensjahre und nicht nach dem 45. Lebensjahre angelegt. Sie mußten zur Aufnahme vollkommen gesund und von guter Körperbeschaffenheit sein und durften sich keines entehrenden Verbrechens nach richterlicher Entscheidung schuldig gemacht haben. Nur ausnahmsweise wurden jugendliche Arbeiter zwischen 14 und 16 Jahren über Tage mit Klauben oder Kohlenfahren mit Karren an der Saar beschäftigt.

Das Aufrücken von unvereidigten zu vereidigten Bergleuten richtete sich nach dem jeweiligen Bedürfnis. Für die Wahl der einzelnen Bergleute, die in die Zahl der vereidigten Bergleute aufgenommen werden sollten, war in erster Linie ihre bisherige Führung und Geschicklichkeit maßgebend. Bei gleichen Umständen wurden die Söhne der Bergleute vorgezogen. Da diese Einrichtung zu erheblichen Willkürlichkeiten führte, indem die Söhne der Bergleute stets denen von Nichtbergleuten vorgezogen wurden und zahlreiche unständige Bergleute die Arbeit verließen, nachdem sie einige Jahre auf den Gruben gearbeitet hatten, so wurden durch das Königliche Bergamt im Jahre 1839 feste Grundsätze für das Aufrücken von unständigen Arbeitern aufgestellt. Danach mußten die in Frage kommenden Bewerber zunächst 6 bis 7 Jahre auf der Grube gearbeitet, sich gut geführt und außerdem ihrer Militärpflicht Genüge geleistet haben oder davon entbunden sein; sodann durften unter je fünf unständigen Bergleuten drei aus der Zahl der Söhne von Bergleuten, zwei aus denjenigen der Nichtbergleute ausgewählt werden; endlich mußte jeder Bergmann, der zur Vereidigung zugelassen werden wollte, lesen, rechnen und schreiben können oder wenigstens 15 Jahre auf königlichen Gruben in Arbeit gestanden haben.

Die Vereidigung der unständigen Bergleute und damit ihre Aufnahme in die Zahl der ständigen Knappen geschah jährlich einmal vor den Berggeschworenen. Jeder Bergmann mußte dabei den am Ende des Reglements vom 17. Dezember 1819 abgedruckten Eid:

> „Ich schwöre zu Gott dem Allmächtigen und Allwissenden einen leiblichen Eid, daß ich den mir durch Vorlesung dieses Reglements bekannt gemachten Pflichten und Obliegenheiten treulich nachkommen will, so wahr mir Gott helfe und sein heiliges Wort durch Jesum Christum"

leisten und versprechen, er wolle

> „insbesondere seinem Landesherrn, den oberen Bergbehörden und Revierbeamten, sowie den ihm unmittelbar vorgesetzten Grubenbeamten treu, gehorsam und folgsam sein, sich durch ein gutes Betragen Zutrauen zu erwerben suchen, in seinem Leben und Wandel Sittlichkeit, Ordnung und Rechtschaffenheit beweisen, Zank und Streit und das schädliche Laster der Trunkenheit fliehen und meiden".

Durch Einschreibung in die Knappschaftsrolle wurden die vereidigten Bergleute Mitglieder der Knappschaft und erhielten über ihre Zugehörigkeit einen sogenannten Pflichtschein.

Die soziale Stellung der vereidigten Bergknappen war infolge der an die ständige Mitgliedschaft geknüpften Vorbedingungen naturgemäß eine verhältnismäßig angesehene und entsprach dem Geiste der damaligen Zeit, gemäß dem es Aufgabe der Behörde war, darüber zu wachen, daß der Bergmannsstand geachtet und streng geschieden von den übrigen gewerblichen Berufen dastand. Auch trugen die Vergünstigungen, die dem ständigen Bergmann für den Fall seiner Invalidität oder seinen Hinterbliebenen im Falle seines Todes zustanden, unzweifelhaft dazu bei, seine Stellung nach außen hin im Gegensatz zu den übrigen gewerblichen Arbeitern zu heben. In dieser angesehenen Stellung des Saarbergmannes, die für lange Jahre behauptet wurde, ist erst mit der neueren Gesetzgebung und namentlich der Einführung der Freizügigkeit eine Änderung eingetreten. Aber trotzdem kann man noch heute von den staatlichen Saargruben im Gegensatz zu vielen Steinkohlenrevieren behaupten, daß der dort beschäftigte Bergmann eine geachtete soziale Stellung einnimmt, die vornehmlich durch die weitgehende staatliche Fürsorge begründet ist.

Die vereidigten Bergleute wurden wiederum in die drei Klassen eingeteilt: Hauer, Lehrhauer, Schlepper und Zieher. Aus der ersten Klasse, den Hauern, wurden die Grubenbeamten und Knappschaftsältesten entnommen. Die Zimmer- und Probehauer gehörten ebenfalls dieser Klasse an und standen unmittelbar hinter den Grubenbeamten. Zur 2. Klasse gehörten die Lehrhauer, welche die nächste Anwartschaft hatten, als Hauer angelegt zu werden. Die 3. Klasse bildeten die Förderleute als Schlepper und Zieher, wovon die Schlepper hinsichtlich ihres Lohnes wiederum in drei Klassen eingeteilt wurden. Die Zieher wurden stets den Schleppern

1. Klasse zugerechnet, da hierzu nur körperlich kräftige Leute tauglich waren. Die unvereidigten Bergleute gehörten stets zur Klasse der Förderleute oder Schlepper, selbst wenn sie als Hauer angelegt wurden und, je nach den Arbeiten, die sie verrichteten, gleiches Lohn wie die ständigen Bergleute verdienten.

Um das Aufrücken der ständigen Bergleute aus einer Klasse in die andere nach gleichen Gesichtspunkten zu regeln und Ungerechtigkeiten zu vermeiden, wurde über sämtliche vereidigten Schlepper eine Liste geführt, in die sie nach Maßgabe der Zeit, seit der sie Bergarbeit trieben, mit Nummern eingetragen wurden; sie bildete für den ganzen Bezirk die Grundlage für die Beförderung. Das Aufrücken geschah jährlich einmal innerhalb des ganzen Bezirks, und zwar erfolgte die Ernennung zu Hauern und Lehrhauern vor dem Königlichen Bergamte oder an einem von diesem bezeichneten Orte. Denjenigen Förderleuten, welche auf grund ihrer Nummern die erste Anwartschaft auf die Ernennung zu Hauern hatten, stand die Wahl der Grube frei, wohingegen die später folgenden sich gefallen lassen mußten, auf eine andere Grube versetzt zu werden, wenn sie nicht vorzogen, noch ein Jahr zu warten.

Den Berggeschworenen, die in erster Linie über die Anlegung der Leute zu wachen hatten, war es innerhalb des laufenden Jahres freigestellt, die fehlenden Hauer aus den älteren Lehrhauern und Schleppern zu ergänzen. Diese Beförderung war aber lediglich eine vorläufige und erhielt erst durch die wirkliche Ernennung durch das Bergamt ihre Gültigkeit.

Aus der Zahl der unvereidigten Bergleute wurden jährlich so viele zu Schleppern vereidigt, wie Schlepper zu Hauern befördert wurden, oder wie es das jeweilige Bedürfnis erforderte.

Wurden Bergleute aus fremden Revieren auf die königlichen Gruben herangezogen, so wurden sie derjenigen Klasse zugeteilt, welcher sie bis dahin angehört hatten. Doch konnten sie erst dann als ständige Arbeiter in die Knappschaft aufgenommen werden, wenn sie sich während dreier Monate treu und fleißig geführt und Beweise ihrer Geschicklichkeit abgelegt hatten. Das Königliche Bergamt hatte besonders darüber zu wachen, daß die fremden Bergleute keinen unverdienten Vorzug vor den einheimischen Schleppern erfuhren.

Neben der vom Königlichen Bergamte geführten Liste — der Knappschaftsrolle — aller vereidigten Bergleute wurden auf den Gruben besondere Arbeiterlisten durch die Revierbeamten über die dort beschäftigten ständigen Arbeiter auf grund der eingelieferten Pflichtscheine geführt. Dagegen fand über die unständigen Bergleute zunächst überhaupt keine Kontrolle statt. Da dieser Zustand bei dem vielfachen Wechsel der unvereidigten Arbeiter von einer Grube zur andern auf die Dauer als Mißstand empfunden wurde, so ordnete das Königliche Bergamt für diese Arbeiterklasse nach Maßgabe des § 9 der Knappschaftsordnung vom 20. Januar 1839 allgemein die Einführung eines Arbeitsbuches an. In dieses Buch wurden bei der Annahme des Bergmanns durch den Revierbeamten die Vor- und Zunamen des Arbeiters, das Datum seiner Geburt nach dem vorgelegten Geburtsscheine, der Name der Grube, auf welcher die erste Schicht verfahren wurde, der Zeitpunkt der ersten Anfahrt, die Vor- und Zunamen und der Wohnort des Vaters und alle in dem Personal-, wie in dem Arbeitsverhältnisse des Inhabers vorgehenden Veränderungen, wie z. B. Ablegung aus Mangel an Arbeit oder zur Strafe, Verlegung auf andere Gruben, Eintritt in den Militärdienst usw., eingetragen. Das Arbeitsbuch mußte von dem Inhaber, falls er auf einer königlichen Grube gearbeitet hatte, bei Wiederannahme zur Arbeit sowie bei Gesuchen um Aufnahme in die Knappschaft vorgezeigt werden. Außerdem waren in demselben die Rechte und Pflichten der unständigen Bergleute abgedruckt. Endlich hatte sich der Arbeiter bei der Aufnahme durch ein urkundliches Zeugnis der Ortsbehörde auszuweisen und ein Zeugnis des Knappschaftsarztes über seine körperliche Tauglichkeit vorzulegen.

Diejenigen Leute, die mangels der nötigen Erfordernisse, also wegen zu hohen Alters oder wegen körperlicher Gebrechen, sich nicht zur Aufnahme als unständige Bergleute eigneten und doch auf den Gruben Beschäftigung fanden, wurden zeitweise als Tagelöhner geführt und erhielten weder ein Arbeitsbuch noch brauchten sie Büchsengeld zu zahlen.

Die Ablegung von ständigen Bergleuten erfolgte auf eigenen Wunsch nur äußerst selten und als Disziplinarstrafe nur dann, wenn das Königliche Bergamt selbst sie verhängte. Kehrten ständige Bergleute ab, ohne arbeitsunfähig zu sein, so gingen sie in der Regel ihrer Ansprüche an die Knappschaft verlustig. Da die meisten jedoch längere Jahre schon Beiträge zur Knappschaftskasse geleistet hatten, so wurden sie nach dem Reglement vom 29. Januar 1839 erst dann in der Knappschaftsrolle gestrichen, wenn ihre Abwesenheit länger als ein Jahr dauerte oder sie ohne Abkehrschein die Arbeit verlassen hatten. Bergleute ohne Abkehr wurden auf den königlichen Gruben überhaupt nicht wieder angelegt.

2. Kündigung.

Die Frist zur Aufkündigung der Arbeit wurde bereits in dem unter der französischen Herrschaft vom Berginspektor Knörzer aufgestellten Reglement für Arbeiter auf 14 Tage festgesetzt. Es ist dies eine Frist, die auch Aufnahme in das Reglement vom 17. Dezember 1819 gefunden hat und an der mit einer kurzen Unterbrechung bis zum heutigen Tage festgehalten worden ist. Der Bergmann, der die Arbeit verlassen wollte, durfte nur am Ende des Monats abkehren und hatte danach sich bei der Kündigung zu richten. Hatte er ein Hauptgedinge übernommen, so mußte er dieses ganz erfüllen, wenn er nicht durch das Bergamt von dieser Verpflichtung besonders befreit wurde.

3. Schichtdauer.

Die Schichtdauer ist für die im Gedinge arbeitenden Bergleute auf den dem Königlichen Bergamte zu Saarbrücken unterstehenden Bergwerken grundsätzlich eine achtstündige gewesen und wurde als solche der Berechnung der Normalschichtlohnsätze stets zugrunde gelegt. Für die im Schichtlohn Angelegten war dagegen die Schichtdauer auf 12 Stunden, einschließlich einer einstündigen Ruhepause, festgesetzt. Der Beginn der Schicht fiel ursprünglich auf 4 Uhr morgens, und sie endete um 12 Uhr mittags bezw. 4 Uhr nachmittags. Es wurde ursprünglich nur in einer Schicht gearbeitet, doch war es schon frühzeitig Regel, daß die Gedingehauer Über- und Nebenschichten verfuhren — im Gegensatz zu den Schleppern, die sich anfangs weigerten — und damit die Zahl der in einer Woche verfahrenen Schichten wesentlich erhöhten. Im allgemeinen verfuhren sie hierbei zehnstündige Schichten, indem sie bei der damaligen geringen Teufe des Bergbaues die vorhandenen Stollen oder einfallenden Tagesstrecken zur Ein- und Ausfahrt benutzten. Nur in der Zeit der Heu- und Kartoffelernte trat regelmäßig eine Schichtverkürzung auf 8 Stunden und darunter ein, da die Leute in diesen Zeiten bestrebt waren, ihre kleinen landwirtschaftlichen Nutzungen einzuheimsen. Die Bergleute waren verpflichtet, rechtzeitig zum Beginn der Schicht beim Verlesen zu erscheinen und am gemeinsamen Morgengebet teil zu nehmen. Das Zuspätkommen war ebenso wie das zu frühe Schichtmachen unter Strafe gestellt. Mit dem allmählichen Herabsinken der Gruben in größere Teufen und der dadurch bedingten Einführung der Seilfahrt an Stelle der Ein- und Ausfahrt auf einfallenden Strecken mußten selbstverständlich die Stunden der Seileinfahrt und Seilausfahrt genau bestimmt und dadurch die Dauer der Schichten fest begrenzt werden. Diese Regelung ist für die Gruben keine allgemeine gewesen, sondern es bildete sich infolge der Verschiedenheit der Betriebsverhältnisse, der örtlichen Umstände und der Gewohnheit ein buntes Gemisch in dem Beginn, der Beendigung und Dauer der Schichten auf den einzelnen Gruben heraus. Allgemein ist jedoch die früher meist innegehaltene Schichtdauer von 10 Stunden einschließlich der Ein- und Ausfahrt nicht überschritten worden, sodaß sich die reine Arbeitszeit auf 8 bis 9 Stunden stellte. Gleichzeitig wurde die Seilfahrt für 2 Schichten unter Festsetzung ihres Anfangs auf 6 Uhr morgens und 6 Uhr abends eingerichtet. Eine gemeinsame Regelung der Schichtdauer auf sämtlichen Gruben ist erst durch die heute gültige Arbeitsordnung vom 3. Dezember 1892 herbeigeführt worden.

Die Schichtdauer für die im Schichtlohn angelegten Arbeiter, wie Maschinenwärter, Aufkerber, Anschläger, Rangierer, Werkstättenarbeiter, ist stets eine zwölfstündige geblieben.

4. Lohnverhältnisse.

a) Feststellung des Lohnes.

Neben der besonderen Leitung des Grubenbetriebes war nach der Berggeschworeneninstruktion vom 23. Juni 1816 die Verdingung sämtlicher Arbeiten sowie die Abnahme der Gedinge am Lohnungsschluß für die Geschworenen eine ihrer wichtigsten Aufgaben. Besonders wurde bestimmt, daß das Verdingen der Arbeiten auf jeder Grube durch den Geschworenen selbst oder von dem ihm unterstellten königlichen Obersteiger geschehen sollte, von letzterem jedoch stets unter Genehmigung und Verantwortlichkeit des Geschworenen. In der Regel wurden spätestens alle 4 Wochen neue Gedinge geschlossen oder die alten bestätigt. Nur wenn plötzliche Änderungen der Kohle, des Gesteins usw. die Änderung des Gedinges nötig machten, sollte dies früher geschehen. Den Geschworenen war zur Pflicht gemacht, das Gedinge so zu stellen, daß der Arbeiter bei Anwendung gehörigen Fleißes einen auskömmlichen Lohn verdiente, der bei 26 Arbeitstagen monatlich für einen Hauer zu 45 fr. = 12 Taler, abzüglich der Ölgelder, gerechnet wurde.

Bei Pfeilerbetrieben und bei breiten Abbaustrecken geschah das Verdingen der Kohlenarbeiten nach Fudern zu 30 Zentner gerechnet. Dabei wurden zuerst Doppelgedinge, später ein und dieselben Gedingesätze für Stückkohlen und Grußkohlen gestellt. Gesteinsarbeiten aller Art und „schmale" Strecken wurden nach preußischen Lachtern bezahlt. Wurden dabei Kohlen gewonnen, so wurden auch für diese anfänglich Doppelgedinge gestellt.

Unter Berücksichtigung der praktischen Bedürfnisse des Betriebs bestand von Alters her auf den königlichen Saargruben das Bestreben, tunlichst alle Leistungen zu verdingen. Nur solche Arbeiterklassen, wie Maschinenwärter, Anschläger usw., die nicht anders entlohnt werden konnten, arbeiteten im Schichtlohn. Dabei mußten auch die Schlepper eine gewisse Leistung erfüllen, also eine bestimmte Anzahl von Förderwagen schleppen, um den für sie festgesetzten Normalschichtlohn zu erhalten.

Neben der Abschließung der gewöhnlichen Gedinge, der sogenannten Handgedinge, die in den ersten Jahrzehnten allein zu Grunde gelegt wurden, kamen seit Anfang der vierziger Jahre auf den Saargruben die sogenannten

Hauptgedinge in Aufnahme. Während erstere nach freier Vereinbarung auf nicht länger als einen Monat abgeschlossen wurden, wurden diese im Wege der öffentlichen Ausbietung bei freiem Wettbewerb der Arbeiter selbst auf 3 oder 6 Monate an den Mindestfordernden vergeben. Da die Einführung dieser Hauptgedinge vom Finanzminister allgemein empfohlen wurde und der Bergfiskus mit ihnen im allgemeinen gute Erfahrungen machte, so bürgerten sie sich immer mehr ein und wurden beim Abschluß von Ausrichtungs-, Vorrichtungs- und Abbauarbeiten zur Regel; nur noch solche Arbeiten wurden im Handgedinge vergeben, die entweder wegen ihrer Unregelmäßigkeit ein Gedinge auf längere Zeit nicht zuließen oder die bei der Versteigerung im Hauptgedinge nicht angenommen worden waren. Die Hauptgedinge wurden stets in größerer Zahl an bestimmten, der Belegschaft vorher bekannt gemachten Tagen in Zwischenräumen von 3 und 6 Monaten ausgeboten.

Die Versteigerung geschah unter Leitung des Obersteigers durch Ausrufen der einzelnen Arbeiten, für welche Normaltaxen festgestellt waren, und unter genauer Angabe der zu erreichenden Leistung. Den Zuschlag erhielt der Mindestfordernde, vorausgesetzt, daß er unter der Taxe blieb. Nur bei Versteigerung der Abbauarbeiten war der früheren Kameradschaft ein gewisses Vorzugsrecht dadurch eingeräumt, daß sie die betreffende Arbeit zu dem letzten Gebote zu übernehmen berechtigt war, ohne selbst wieder abbieten zu müssen, wenn sie dies vor erfolgtem Zuschlag erklärte.

Das Abbieten geschah beim Kohlengedinge in Abstufungen von 2½ Sgr., bei Arbeiten mit Lachtergedinge nach beliebigen Zahlen. Ansteigerer waren die sogenannten Kompagnieführer, die das Recht hatten, sich ihre Kameradschaften bis auf ein Drittel, d. i. meist einen Hauer und einige Schlepper, die von der Grube bestimmt wurden, zusammenzustellen. Über den Abschluß jedes Hauptgedinges wurde ein besonderes Protokoll (s. Anlage 2 und 3) aufgenommen, welches die vorgedruckten näheren Bestimmungen der Gedingeübernahme enthielt und von dem Kompagnieführer, mit dem der Bergfiskus allein in einem Vertragsverhältnis stand und allein abrechnete, unterschrieben werden mußte. Die Gedinge wurden durch das Königliche Bergamt genehmigt. Die Aufhebung der Hauptgedinge bei Abbauarbeiten konnte dann erfolgen, wenn vor Örtern Flözstörungen vorkamen, die das Flöz um die halbe Ortshöhe verwarfen. Das Königliche Bergamt war außerdem berechtigt, ein Hauptgedinge aufzuheben, wenn Betriebsveränderungen vorkamen, die die Einstellung der betreffenden Arbeit verlangten.

Die Vorteile der Verdingung der Arbeiten im Hauptgedinge bestanden für die Verwaltung hauptsächlich in einer erleichterten Übersicht über die Arbeiten und in einer großen Vereinfachung der Geschäfte; sodann wurden durch die öffentliche Konkurrenz Gedinge erzielt, die dem Wert der tatsächlichen Arbeitsleistung entsprachen.

Die Arbeiter, die mehr oder weniger als Unternehmer und daher mit größerer Lust und Liebe an die Sache herantraten, hatten den Vorteil, vor einer selbst gewählten Arbeit mit zum größten Teil selbst gewählten Kameraden für längere Zeit zu arbeiten und dort je nach dem Grade ihrer Geschicklichkeit mehr als unter gewöhnlichen Verhältnissen zu verdienen. Voraussetzung war allerdings hierbei, daß sich die Arbeiter nicht infolge übertriebenen Eifers oder Unverstandes gegenseitig über das zulässige Maß unterboten, wie es leider in späteren Jahren häufig vorkam, infolgedessen die ganze Einrichtung der Hauptgedinge mehr oder weniger unbeliebt wurde. Die Verwaltung war allerdings in der Lage, durch Festsetzung einer geeigneten Taxe oder durch Aufhebung des Arbeitsverhältnisses diesem Mißstande einen Riegel vorzuschieben; sie scheint jedoch nur selten davon Gebrauch gemacht zu haben. Wie dem auch sei, die Generalgedinge hatten sich unter den Beamten zahlreiche Freunde erworben, die ihre Aufhebung nur mit Bedauern sahen.

Für die Gedingefeststellung und die Lohnhöhe auf den königlichen Gruben des Saarbrücker Bezirks waren von altersher sogen. Normalschichtlohnsätze maßgebend. Ihre gemeinsame Feststellung wurde bereits bei der ersten Revierbereisung durch den Berghauptmann Grafen von Beust im Jahre 1817 und durch Reskript der Oberberghauptmannschaft vom 1. Dezember 1817 für die zwölfstündige Schicht genehmigt. Da jedoch bereits kurze Zeit darauf, Anfang der zwanziger Jahre, bei den Gedingearbeiten in der Grube durchgehends für alle Arbeiterklassen die achtstündige Schicht als Regel eingeführt wurde und die Einführung des Münzgesetzes vom 30. September 1821 die Aufstellung einer neuen Schichtlohntabelle nötig machte, so wurden damals die Schichtlohnsätze wie folgt festgesetzt:

Bei der achtstündigen Schicht	Sgr.	Pf.
für Zimmer- und Probehauer	11	3
» Gestein- und Kohlenhauer	10	6
» Schlepper I. Klasse, Lehrhauer, Zieher	10	6
» » II. »	8	9
» » III. »	7	6
In der zwölfstündigen Schicht		
für Zimmer- und Probehauer	12	6
» Gestein- und Kohlenhauer	12	—
» Schlepper I. Klasse, Lehrhauer und Zieher	10	6
» » II. »	9	3
» » III. »	8	—

Zwölfstündige Schichten wurden jedoch nur bei Arbeiten im Schichtlohn und über Tage verfahren.

Bei den Gedingestellungen wurde nun unter Zugrundelegung der Normalschichtlohnsätze so verfahren, daß die von den Bergleuten verdienten Löhne die in der Lohntabelle festgesetzte Höhe erreichten, in den meisten Fällen sogar etwas überschritten. Eine besondere Eigentümlichkeit der damaligen Zeit waren die sogenannten Freigedinge, die doppelt so hoch als die gewöhnlichen waren und den damit begünstigten Bergleuten, namentlich den Bergzöglingen, ein ausreichendes Einkommen sichern sollten. Auch gab es noch ein sogenanntes Probehauen, das dann zur Anwendung kam, wenn man den Wert einer Arbeitsleistung vor einem bestimmten Abbaupunkt innerhalb einer bestimmten Zeit feststellen wollte.

Denselben Zweck verfolgten sogenannte Prämiengedinge, die auf einzelnen Gruben, wie z. B. auf Dudweiler vorübergehend zur Anwendung kamen und vermittels deren den Arbeitern nach einer gewissen Leistung eine bestimmte Prämie zugesichert wurde, die aber vornehmlich dazu dienen sollte, nachzuweisen, ob eine Arbeit zu einem bestimmten Gedinge übernommen werden konnte oder nicht.

Die Normalschichtlohnsätze wurden erst ganz allmählich heraufgesetzt, und zwar im größeren Umfange zum erstenmale im Jahre 1848, als infolge der Mißernten der Jahre 1846 und 1847 die Lebensmittelpreise eine ganz außerordentliche Höhe erreicht hatten. Es wurden damals die Normallöhne in der achtstündigen Schicht für die Hauer auf . 12 Sgr. 6 Pf.,
beim Probehauen auf . . . . 15 » — »,
für die Schlepper I. Klasse auf . . . . 12 » — »,
» » » II. » » . . . . 10 » 6 »,
» » » III. » » . . . . 9 » — »
durch den Handelsminister erhöht und daneben besondere Schichtlohnsätze für die über 18 Jahre alten Klaubejungen mit 6 und 5 Sgr. für die erste bezw. zweite Klasse festgesetzt. Bei dem gänzlichen Mangel an Absatz, der zu jener Zeit herrschte und die Ablegung fast der gesamten unständigen Arbeiter zur Folge hatte, suchte sich die Verwaltung auch dadurch zu helfen, daß das Verfahren jeglicher Arten von Überschichten unter Tage gänzlich verboten wurde und nur achtstündige Schichten verfahren werden durften. Kurze Zeit darauf trat infolge der im Jahre 1854 herrschenden Teuerung mit Genehmigung des Ministers vom 13. November 1854 nochmals eine Lohnerhöhung ein in Form einer Zulage von $1/2$ Sgr. für sämtliche Arbeiterklassen in der achtstündigen Schicht. Diese Zulage wurde jedoch vorläufig einbehalten und zur Deckung der damals an die Bergleute verabfolgten Mehllieferungen verwandt. Daneben erhielten sämtliche Schichtlohnarbeiter einschl. der Schlepper, aber mit Ausschluß der Klaubejungen einen Zuschuß von 1 Sgr. für die Schicht.

Der große Aufschwung, welchen der Bergbau an der Saar mit Eröffnung der Eisenbahnen Mitte der fünfziger Jahre erlebte, hatte zur Folge, daß die Nachfrage nach tüchtigen Arbeitskräften außerordentlich wuchs und die Bergverwaltung sich veranlaßt sah, mit allen Mitteln auf eine Vermehrung der Belegschaft, namentlich durch Annahme von kräftigen jungen Leuten, bedacht zu sein. Unter den zahlreichen Mitteln, welche das Bergamt versuchte, und auf die noch in einem späteren Kapitel des näheren eingegangen wird, spielte die Erhöhung der Löhne naturgemäß eine nicht geringe Rolle. Dazu kam, daß durch eine Reihe von Mißernten damals eine allgemeine Teuerung herrschte, die im Saarrevier noch durch das Zusammenströmen der Bevölkerung gesteigert wurde. Da die meisten Bergleute nicht in der Lage waren, die für ihren Lebensunterhalt nötigen Bodenerzeugnisse selbst zu bauen, und der Geldeswert anhaltend sank, so standen die Löhne vielfach nicht in dem richtigen Verhältnis zu den Kosten des Lebensunterhaltes. Es wurden daher durch Erlaß des Handelsministers vom 1. Mai 1855 sämtliche Normallöhne aufs neue nach den Vorschlägen des Königlichen Bergamtes geregelt. Die Normallohnsätze, welche der Gedingeschließung in der achtstündigen Schicht zugrunde gelegt wurden, betrugen

für den Zimmerhauer	17 Sgr.	6 Pf.,
» » Vollhauer	15 »	— »,
» » Fördermann I. Klasse, Lehrhauer und Zieher	14 »	— »,
» » Fördermann II. Klasse	13 »	— »,
» » » III. »	12 »	— »,
» » Klaubejungen I. »	7 »	— »,
» » » II. »	6 »	— ».

Der Schichtlohn für die zwölfstündige Schicht in der Grube, einschließlich Öl, wurde

für den Zimmerhauer auf	21 Sgr.	— Pf.
„ „ Vollhauer „	18 „	6 „
„ „ Fördermann I. Klasse, Lehrhauer, Zieher auf	17 „	3 „
„ „ Fördermann II. Klasse auf .	16 „	— „
„ „ „ III. „ „ .	15 „	— „

und bei Arbeiten über Tage um 1 Sgr. niedriger, als vorstehend angegeben, festgesetzt.

Den Zimmerhauern gleichgestellt wurden die Maschinenwärter I. Klasse, die Koksaufseher und Grubenwächter; den Vollhauern gleichgestellt die Maschinenwärter II. Klasse und Schürer I. Klasse; den Förderleuten I. Klasse endlich die Schürer II. Klasse. Zugleich wurden die damals verhältnismäßig niedrigen Gehälter (Monatslöhne) der Beamten etwas aufgebessert. Während infolge dieser wiederholten Lohnerhöhungen das monatliche Einkommen der Hauer im allgemeinen durchaus befriedigend war und den damaligen Lebensmittelpreisen entsprach, war dies bei den Schleppern, auf deren Heranziehung es damals namentlich ankam, durchaus nicht der Fall. Dieses Mißverhältnis war aber darauf zurückzuführen, dass die Schlepper wesentlich weniger Schichten und nur solche von achtstündiger Dauer verfuhren. Es wurde daher, wie unten noch des näheren dargelegt werden soll, die Gedingefestsetzung dahin geändert, daß die Gedinge für Schlepper und Hauer gemeinschaftlich wurden.

Da die außerordentliche Nachfrage nach Kohlen und damit auch nach Arbeitskräften bis Ende der fünfziger Jahre in gleicher Weise anhielt, so war es natürlich, daß die Bergverwaltung eine große Zahl ungelernter Arbeiter annehmen und bei der Gedingefestsetzung auf ihre anfängliche geringe Geschicklichkeit Rücksicht nehmen mußte. Die Folge davon war, daß der verdiente Lohn den Normallohnsatz vielfach überstieg. Als nun im Jahre 1859 zum ersten Male infolge des italienischen Krieges ein Rückschlag in der Wirtschaftslage eintrat und die Nachfrage nach Kohlen mit der vorhandenen Belegschaft infolge ihrer allmählich erworbenen Übung in der Kohlengewinnung leicht befriedigt werden konnte, dazu die Lebensmittelpreise infolge einer guten Ernte wesentlich gefallen waren, sah sich das Königliche Bergamt zum ersten Male genötigt, die Gedinge bei den Grubenarbeiten vom 1. Juli 1859 ab herabzusetzen und sie mit den Normalschichtlohnsätzen in Einklang zu bringen.

b) Beurkundung und Abnahme der Gedinge, Lohnberechnung und Lohnzahlung.

Die abgeschlossenen Gedinge wurden, soweit sie nicht Hauptgedinge waren, ursprünglich durch den Revierbeamten, später durch den Obersteiger in ein besonderes Gedingebuch eingetragen. Auch hatten die letzteren am Ende des Monats die Gedinge abzunehmen, Stufen zu schlagen und die aufgefahrenen Lachter sowie die Normalschichtlohnsätze urkundlich nachzuweisen. Die Feststellung der geförderten Kohlenmengen selbst geschah über Tage, woselbst jeder Kameradschaft ein Platz zur Aufstapelung ihrer Kohlen in Haufen zu 30 Zentner angewiesen war und wohin die Schlepper die gewonnenen Kohlen zu fördern hatten. Daselbst wurden die einzelnen Kohlenhaufen unter Aufsicht der Schichtmeister und Kohlenmesser und unter Verantwortlichkeit der Revierbeamten bezw. Obersteiger durch besonders angestellte Ladeknechte verladen und gewogen und das nach Aufarbeitung des ganzen Haufwerks ermittelte Übergewicht auf die einzelnen Gedingeteilnehmer nach Maßgabe der verfahrenen Schichten verteilt.

An Stelle dieses jedenfalls ungenauen und von Willkürlichkeiten nicht freien Verfahrens wurden die Fördermengen nach Erbauung der Eisenbahnen mit Hilfe der Förderwagen, deren Taragewicht ermittelt wurde, nach ihrem Gewicht festgestellt und das bei der Eisenbahnverladung sich etwa ergebende Übergewicht auf die gesamten bei der Kohlengewinnung beteiligten Arbeiter nach Maßgabe ihrer Förderung verteilt.

Bei der Lohnberechnung wurde zuerst das Bruttolohn der Hauer auf grund der geförderten Kohlenmengen ermittelt, und von diesem wurden die Normalschichtlohnsätze der Schlepper, welche die von den Hauern gewonnenen Kohlen zu fördern hatten, in Abzug gebracht, wiewohl sie nicht mit im Gedinge arbeiteten. Dieses eigenartige Verhältnis in der Lohnberechnung führte zu zahlreichen Mißhelligkeiten, die sich zunächst darin äußerten, daß sich die Schlepper weigerten, mehr zu leisten, als nötig war, um den Normalschichtlohn zu erhalten. Sodann verfuhren sie nur achtstündige Schichten, während die Hauer meist zehn Stunden arbeiteten und ihr Verdienst durch Verfahren von Überschichten zu verbessern suchten. Nach dem Vorschlag des Bergmeisters Feldmann wurde daher mit Genehmigung des Königlichen Oberbergamts in Bonn die Gedingefestsetzung vom 1. Januar 1856 an dahin geändert, daß die Gedinge bei sämtlichen Kohlengewinnungs- und Gesteinsarbeiten zwischen Hauern und Schleppern gemeinschaftlich wurden, und daß an dem von einer Kameradschaft verdienten Gesamtlohn Hauer und Schlepper nach Maßgabe des Unterschiedes der Normalschichtlohnsätze und der verfahrenen Schichten beteiligt werden sollten. Diese Art der Gedingefestsetzung, die noch heute für das Saarrevier gegenüber dem niederrheinisch-westfälischen Bezirk charakteristisch ist, hatte den großen Vorzug, daß die Schlepper der Beaufsichtigung durch die Hauer unterstellt, zu angemesseneren Leistungen als bisher herangezogen und in der Zeit, in der sie mit Schlepperarbeiten nicht beschäftigt waren, mit der Ausführung anderer Arbeiten betraut werden konnten.

Das Anteilsverhältnis, mit welchem die Hauer und die Schlepper der verschiedenen Klassen an dem gemeinschaftlichen Gedinge teilnahmen, wurde auf 15 : 14 : 13 : 12 festgestellt. Die neueingeführte Gedingeabrechnung rief jedoch bei den Hauern ziemliche Unzufriedenheit hervor, da sie sich gegenüber den Schleppern II. und III. Klasse, namentlich wenn es sich um neu anzulernende unerfahrene Leute handelte, benachteiligt fühlten. Infolgedessen wurde vom 1. April 1857 ab durch Erlaß vom 10. Juli 1856 unter Schaffung einer neuen IV. Schlepperklasse und unter Zugrundelegung eines Normalsatzes von 16 für die Hauer das Anteilsverhältnis mit 16 : 14 : 13 : 12 : 11 festgesetzt. Zur näheren Feststellung der reduzierten Hauerschichten dienten besonders ausgearbeitete Tabellen, in welchen die Bruchteile auf ganze Schichten abgerundet wurden, um die Berechnung der Löhne möglichst zu vereinfachen. Man nahm dabei an, daß etwa eintretende Nachteile sich wieder ausgleichen würden.

Eine Änderung des Anteilverhältnisses trat mit dem 1. Juni 1862 ein, als infolge des damaligen großen wirtschaftlichen Niedergangs zahlreiche Leute auf längere Zeit beurlaubt werden mußten. Das damals aufgestellte Verhältnis am Lohn wurde unter Beibehaltung eines Normalsatzes von 16 für die Hauer mit 16 : 12 : 11 : 10 : 9 festgesetzt. Die übrig bleibenden Bruchteile wurden jedoch bei der neu ausgearbeiteten Reduktionstabelle berücksichtigt.

Abzüge.

Was die Höhe der bei der Lohnfeststellung in Anrechnung kommenden Abzüge anbelangt, so hat es auf den Saarbrücker Gruben schon nach Übernahme aus der französischen Zeit als Regel gegolten, daß die Kosten der bei der Grubenarbeit verbrauchten Materialien, wie Schwarzpulver, Öl und Gezähe, in den Gedingen einbegriffen waren und von den Bergleuten zu den durchschnittlichen Selbstkosten getragen werden mußten. Der Verbrauch an Öl, das ursprünglich in natura den Bergleuten geliefert wurde, wurde auf die Schicht anfänglich mit 10 Pfennig, später mit 8 Pfennig berechnet. Die Grubenlampen selbst mußten von der Belegschaft beschafft werden. Erst in jüngster Zeit, als die Sicherheitslampen von den Grubenverwaltungen angeschafft wurden, sind die Kosten des Reinigens und Füllens von letzteren übernommen worden; die übrigen Kosten jedoch, wie die der Unterhaltung und des Öls, wurden nach wie vor von den Bergleuten getragen. Die Kosten für Schärfen des Gezähes fielen dagegen von jeher den Gruben zur Last. Das gelieferte Sprengpulver wurde lange Jahre hindurch mit 10 Silbergroschen für das Pfund berechnet und erst vom Jahre 1862 ab zuerst auf 7 Sgr. 6 Pfennig und kurze Zeit darauf auf 6 Sgr. herabgesetzt. Hand in Hand damit ging eine Ermäßigung des Gedinges.

Neben diesen Abzügen kam noch für die Förderleute in den zwanziger und dreißiger Jahren zweierlei in Betracht. Einmal die Kosten für die Unterhaltung der Förderwagen, die den mit der Förderung beschäftigten Personen aufgegeben war, um sie zu einer schonenden Behandlung der Fördergefäße zu veranlassen, und sodann die Ausgaben zur Anschaffung des für die Wagen benötigten Schmieröls, das ebenfalls bis zum Jahre 1836 von den Schleppern beschafft werden mußte. Endlich hatten bis zum Jahre 1856 die Hauer nicht nur für den Förderlohn ihrer Kohlen aufzukommen, sondern sie hatten auch die Kosten der Pferdeförderung zu tragen, falls das Schleppen ihrer Kohlen durch Pferde geschah. Diese Einrichtung hat noch auf einzelnen Gruben z. B. auf Sulzbach bis in die sechziger Jahre hinein gedauert, ist dann aber abgeschafft worden.

Die Gedingeabnahme, Lohnberechnung und Lohnzahlung geschieht seit dem Jahre 1822 bis auf den heutigen Tag monatlich. Die Gedinge wurden in der noch heute üblichen Weise in Hauptanschnitten zusammengestellt, welche die Namen der einzelnen Arbeiter, die Zahl der verfahrenen Schichten, die Höhe der Gedingesätze und der Leistung und die gemeinschaftlichen Unkosten der einzelnen Kameradschaften enthielten. Auf grund des Hauptanschnittes wurden die Brutto- bezw. Nettolöhne in den Gedingelohnauseinandersetzungen festgestellt und bei den Nettolöhnen die auf die einzelnen Bergleute entfallenden persönlichen Abzüge in Anrechnung gebracht. Das gesamte sich ergebende Nettolohn wurde für alle in demselben Gedinge angelegten Arbeiter dem Kompagniemann ausbezahlt, der bei den Gedingearbeiten allein in der Lohnliste erschien und die Verteilung der Einzellöhne nach Maßgabe der ihm ausgehändigten Gedingelohnauseinandersetzung vorzunehmen hatte. Als persönliche Abzüge erschienen ursprünglich:

1. Rückzahlung an die Grube für geschehene Natural- oder andere Leistungen, wie Abschlag, Öl, Brot- und Mehllieferung, Menage- und Schlafgelder,
2. persönliche Schmiedekosten,
3. Disziplinarstrafen,
4. Zahlungen, die auf Vertrag oder Übereinkommen beruhten, wie Rückzahlungen von Kapitalien nebst Zinsen an die Grube oder die Knappschaftskasse,
5. exekutorische Abzüge, rückständige Steuern, Arrestanlagen.

Arreste konnten übrigens nur auf den Lohn der Kompagniemänner gelegt werden, da diese bei Gedingearbeiten allein in den Lohnlisten aufgeführt waren. Zu den obigen Abzügen traten außer Hausmieten und Rückzahlungen an Vorschußvereine seit dem Jahre 1857 die Knappschaftsgefälle, die bis dahin mit einem Silbergroschen Beitrag auf jeden Taler des verdienten Lohnes berechnet worden und daher von dem gesamten Bruttolohn in Abzug gekommen waren.

Die Berechnung des Lohnes und die Lohnzahlung geschah zuerst nach Übernahme der Gruben aus französischer Verwaltung in Franken, das Fünffrankstück zu 1 Taler 7 Gutegroschen und 6 Pfennig berechnet, und seit dem Jahre 1821 in Talern zu 30 Silbergroschen preußisch Kurant.

Die Lohnzahlungen erfolgten einmal im Monat in Gegenwart der Geschworenen oder Obersteiger, welche die auf grund der Anschnitte geschehene Auszahlung bescheinigen mußten.

5. Strafen.

Das Strafwesen war naturgemäß zu einer Zeit, in welcher auf den Privatgruben das Direktionsprinzip mit all seinen Eingriffen in die persönliche Freiheit des einzelnen zur Anwendung kam, auf den dem Königlichen Bergamt zu Saarbrücken unterstehenden Bergwerken vielseitig und wohl ausgebaut. Es wird am besten beleuchtet durch das in Anlage 4 abgedruckte Reglement vom 20. März 1820, das, durch zahlreiche Nachträge (vom 7. April 1825, 2. Januar 1826 und 5. Februar 1842) ergänzt und erweitert, in 26 Abschnitten in eingehender Weise Strafen für alle möglichen Arten von Vergehen innerhalb und außerhalb der Gruben festsetzte und durch Verlesen und öffentlichen Anschlag in den Zechenhäusern der Knappschaft bekannt gemacht wurde. Charakteristisch für diese Strafreglements ist nicht nur die Art und Weise, wie alle möglichen disziplinaren Vergehen unter Strafe gestellt wurden, sondern daß sie auch Vorschriften über die beim Bergbau zu beobachtenden Regeln enthielten und daher die viel später ergangenen Polizeiverordnungen zu ersetzen bestimmt waren. Daneben wurden für das Verhalten des Bergmanns auch außerhalb der Grube eingehende Vorschriften aufgestellt. So war z. B. der Besuch von Wirtshäusern an Lohntagen allgemein verboten. Für die Nichtbefolgung dieser Vorschrift wurde das erste Mal die Verlegung auf eine entfernte Grube, das zweite Mal die Verlegung in ein anderes Revier und das dritte Mal die Ablegung auf acht Wochen angedroht. Wer nach dreimaliger Bestrafung dennoch am Lohntage in einem Wirtshause betroffen wurde, „von dem muß angenommen werden, daß er nicht zu bessern sei: dieser soll gänzlich abgelegt und aus der Knappschaftsrolle gestrichen werden". Der Besuch der in der Nähe der Grube belegenen Wirtshäuser durch Ladeknechte vor oder nach der Schicht war überhaupt verboten. Besonders aber war das Annehmen von Trinkgeldern von den Kohlenkäufern mit gänzlicher Ablegung unter Strafe gestellt. Diese Bestimmungen waren nötig, um Durchstechereien der Ladeknechte, Kohlenmesser usw. auf den Niederlageplätzen mit den Kohlenfuhrleuten nach Möglichkeit zu verhindern. Auch wurde ein Bergmann, der wegen eines entehrenden Verbrechens vor Gericht bestraft worden war, gänzlich abgelegt.

Die von den Berggeschworenen festgesetzten Strafen wurden in Strafzetteln vermerkt und letztere den davon betroffenen Bergleuten ausgehändigt. Die Strafgelder selbst fielen an die Knappschaftskasse.

Eine von den bisherigen Strafreglements wesentlich verschiedene Strafordnung wurde mit Zustimmung des Handelsministers nach den Vorschlägen des Bergamts vom Oberbergamt Bonn unter dem 3. August 1858 zum ersten Male erlassen.

Dieses neue Disziplinarstrafreglement unterschied sich dadurch von den früher ergangenen, daß es allgemeine Grundsätze über die Art der Strafen aufstellte und der Behörde, die früher an genau festgesetzte Strafen bei den einzelnen Vergehen gebunden war, größeren Spielraum bei Abmessung der Strafen gestattete. Außerdem wurden bestimmte Vorschriften über das Strafverfahren selbst erlassen. Die Strafzettel wurden von den Steigern angefertigt und den Revierbeamten bezw. den Revier-Bergmeistern bei den der Zuständigkeit des Bergamts unterliegenden Vergehen zur Eintragung der Höhe der Strafe vorgelegt.

II. Die soziale Lage der Bergarbeiter.

Die Entwickelung der Lohnverhältnisse unter dem Königlichen Bergamt zu Saarbrücken ist, soweit sie die Lohnhöhe anbetrifft, bereits bei Erörterung der Normalschichtlohnsätze eingehend behandelt worden. Vergleicht man ihre gesamte Entwickelung an der Hand der in der Tabelle A niedergelegten Zahlen und der graphischen Darstellung auf Tafel 1, so läßt sich erkennen, daß das Jahresarbeitsverdienst — und auf letzteres kommt es allein an — in der ersten Hälfte des vorigen Jahrhunderts entsprechend dem damaligen Werte des Geldes und der geringen Kaufkraft der Bevölkerung sehr niedrig war, und daß erst mit dem Jahre 1855 eine merkliche Besserung eintrat, die bis Ende des in Rede stehenden Zeitabschnittes nahezu anhielt. Die von den Hauern und Schleppern verdienten Schichtlöhne blieben bis zum Jahre 1847 nahezu gleich und erfuhren erst infolge der durch die Mißernte der Jahre 1846 und 1847 hervorgerufenen Teuerung eine geringe Aufbesserung. Den Glanzpunkt auf dem Gebiete der Lohnbewegung in dem vorliegenden Zeitraum bildete ohne Zweifel die zweite Hälfte der fünfziger Jahre, die zwar keine Vermehrung der Belegschaft, wohl aber infolge des wirtschaftlichen Aufschwungs der Eisenindustrie und der gesteigerten Leistung der Bergleute eine erfreuliche Aufwärtsbewegung zeigt. Leider konnten für die Jahre 1852 bis 1860 die wirklich verdienten Löhne nicht für den ganzen Bezirk ermittelt werden. Es wurden daher in der vorliegenden Tabelle die Löhne der Grube Dudweiler für diese Zeit zu Grunde gelegt und aus dem Jahresdurchschnitt der in dem vorhergehenden zehnjährigen Zeitraum verfahrenen Schichten der Jahresnettolohn und Schichtlohn auf den Kopf der Belegschaft berechnet. Der mit dem Jahre 1859 eintretende Rückschlag in dem Kohlenabsatze, der sich in den folgenden Jahren noch verschärfte, hatte naturgemäß einen Rückgang der Löhne zur Folge, die im Jahre 1862 ihren verhältnismäßig niedrigsten Stand erreichten. Das mittlere Jahresarbeitsverdienst fiel infolge der mangelhaften Beschäftigung der Werke und der dadurch bedingten geringen Zahl der verfahrenen Schichten von 683 M. im Jahre 1858 auf 538 M. im Jahre 1862.

Entsprechend den niedrigen Löhnen war die Lebenshaltung der bergmännischen Familien im Saarbezirk in der ersten Hälfte des 19. Jahrhunderts eine recht bescheidene. Sie wurde neben dem geringen Einkommen namentlich durch die Getreidepreise beeinflußt, die damals großen Schwankungen unterworfen waren und zuweilen eine ganz außerordentliche Höhe erreichten. (Vergl. die Übersicht der Jahresdurchschnittspreise der wichtigsten Bodenerzeugnisse in den Marktorten St. Johann-Saarbrücken in Tabelle G). Allerdings war die Mehrzahl der Saarbrücker Bergleute bei der geringen Dichtigkeit der Bevölkerung und dem ganz allmählichen Anwachsen der Belegschaft in der Lage, sich einen Teil der Feldfrüchte selbst auszusäen und dieselben im Herbst einzuheimsen, sodaß sie nicht ganz auf den Ankauf ihrer Lebensmittel angewiesen waren. Namentlich gerieten die Kartoffeln bis zur Zeit, wo die Kartoffelkrankheit auftrat, auf dem Sandboden an der Saar beinahe ohne Pflege und bildeten das bei weitem wichtigste Nahrungsmittel für Menschen und Tiere, während der Roggen durch Magerkeit des Bodens und Mangel an Düngung und Pflege höchst unbedeutende Erträge lieferte. Traten Mißernten ein, so machten sich diese in den armen Dörfern des Hunsrücks doppelt fühlbar und veranlaßten die Staatsbergverwaltung in den Teuerungsjahren 1846/47 und in den fünfziger Jahren zu außergewöhnlichen Maßregeln, wie zum gemeinschaftlichen Ankauf von Getreide. Im übrigen ist kaum eine Wechselwirkung zwischen Getreidepreis und Lohnhöhe bis zum Jahre 1862 zu erkennen; im Gegenteil zeigt die Lohnkurve auf Tafel 1 eine langsam aufsteigende Richtung, während die Getreidepreise je nach dem Ausfall der Ernten regellos schwanken.

Der im Besitz der Bergleute befindliche Viehstand war, soweit es sich um Pferde, Rinder und Schafe handelte, kaum nennenswert, doch spielte ihrer Zahl nach die Ziege, diese Kuh des kleinen Mannes, eine immer größere Rolle. Während man im Jahre 1816 im gesamten Regierungsbezirke Trier nur 3419 Stück zählte, gab es bei der Zählung Anfang der sechziger Jahre 22 383 Stück, von denen 6868 Stück allein auf die Bewohner der Kreise Saarbrücken und Ottweiler fielen. Eine ähnliche Zunahme fand bei den Schweinen statt, deren Zahl sich auf 10 019 in den beiden zuletzt genannten Kreisen stellte.

Neben der Hebung der Ansiedlungs- und Wohnungsverhältnisse, der Verbesserung der Schulen, der Ausgestaltung des Knappschaftsvereins usw., deren Einwirkungen an anderer Stelle Erwähnung finden, suchte die Bergverwaltung auch auf das sittliche Verhalten der Bergleute unmittelbar einzuwirken. Sie verbot daher nicht nur den Besuch der Wirtshäuser an Lohntagen, sondern versuchte besonders das Halten von Wirtshäusern durch die Bergleute selbst zu verhindern. Auch untersagte sie das frühzeitige Heiraten der Bergleute, um die Knappschaftskasse im Falle des frühzeitigen

Todes des Familienvorstandes nicht zu sehr zu belasten. Nach einer Bekanntmachung vom 12. Januar 1826 sollte derjenige ständige Bergmann, der ohne obrigkeitliche Genehmigung heiratete, in der Knappschaftsrolle gestrichen und nicht mehr als ständiger Arbeiter angelegt werden. Da diese Bestimmungen jedoch gegen die Landesgesetze verstießen und die Geistlichkeit Anstoß daran nahm, so wurde ihre Aufhebung durch Erlaß vom 2. Februar 1831 angeordnet und nur festgesetzt, daß ein Bergmann nicht unter 18 Jahren heiraten durfte. Bei einem Alter über 18 Jahre wurde seine Verheiratung von dem Besitze eines Trauscheins (Erlaubnisscheins), den der Schichtmeister auszustellen hatte, abhängig gemacht. Ohne einen solchen durfte nach einer Allerhöchsten Kabinettsordre vom 29. Mai 1833 kein Geistlicher einen Berg- oder Hüttenmann aufbieten oder trauen.

III. Die Saarbrücker Knappschaft 1816 bis 1857.

Wie bereits Haßlacher in dem geschichtlichen Teil des vorliegenden Werkes über die Entwickelung des Saarbrücker Steinkohlenbergbaus nachweist, reichen die ersten Anfänge des Knappschaftsvereins bis in die Mitte des 18. Jahrhunderts zurück, um welche Zeit bereits sogenannte Bruderladen unter den Saar-Bergleuten zum Zwecke der Krankenunterstützung bestanden. Durch Verordnung des Fürsten Ludwig von Nassau-Saarbrücken vom 17. Mai 1769 wurde eine Bruderbüchse für die Bergleute sämtlicher landesherrlicher Gruben eingerichtet, die freie Kur und Arznei sowie Krankengeld und etwa weiter nötige Unterstützungen zu gewähren hatte. Diese Bruderbüchsen, die anfangs der statutarischen Verfassung entbehrten und in der Hauptsache auf die Krankenunterstützung beschränkt waren, sind als der Grundstock anzusehen, aus welchem sich allmählich der Saarbrücker Knappschaftsverein entwickelt hat. Die feste Organisation des Instituts erfolgte durch das Reglement vom 17. Oktober 1797 unter der Bezeichnung „Knappschaftskasse bey den Nassau-Saarbrückischen und anderen Steinkohlenbergwerken“. Sie bezweckte außer der Krankenunterstützung auch die Unterstützung von Invaliden, Witwen und Waisen. Das Reglement von 1797 blieb nur wenige Jahre für die Verwaltung der Kasse maßgebend, denn bereits am 21. Februar 1801 wurde es zu förmlichen Statuten erweitert, die über Einkünfte und Leistungen der Kasse genauere Bestimmungen trafen. Die Einkünfte bestanden aus Büchsengeldern nach Prozenten vom Lohn, einem Teile der Ladegelder, Gebühren für Anfahr- und Abkehrscheine und Eintrittsgeldern. Dagegen hatte die Kasse nach feststehenden Sätzen zu leisten: freie Kur und Arznei sowie Krankengeld in Krankheitsfällen, Invalidengelder im Falle der Invalidität sowie Witwen- und Waisenunterstützungen beim Tode der Mitglieder.

Die unruhigen Zeiten zu Anfang des 19. Jahrhunderts, verursacht durch die andauernden Kriege und den Wechsel in den Hoheitsrechten des Landes, wirkten auf die Entwickelung der Kasse, welche bei ihren geringen, nur aus Mitgliederbeiträgen aufgebrachten Mitteln an und für sich einen schweren Stand hatte, höchst nachteilig. Als daher im Jahre 1815 die Vereinigung der Saarbrücker Lande mit Preußen stattgefunden hatte und die Verwaltung der staatlichen Bergwerke dem königlich preußischen Bergamte zu Saarbrücken übertragen war, beantragten die Mitglieder der Kasse in der Erkenntnis, daß ihre Vereinigung ohne Beihilfe der Werke nicht lebensfähig zu erhalten sei, die Übernahme der Verwaltung der Knappschaftskasse durch das Bergamt. Ihrem Ansuchen wurde seitens der Bergbehörde entsprochen, und so ging mit Beginn des Jahres 1817 die Verwaltung an das Saarbrücker Bergamt unter der Aufsicht des Königlichen Oberbergamtes zu Bonn über. Die Geschichte der Saarbrücker Knappschaft spiegelt die Verhältnisse der bergmännischen Bevölkerung wieder, wie sie sich auf den Saargruben bis zum Erlaß des Knappschaftsgesetzes vom 10. April 1854 entwickelten. Ruhte doch der Betrieb der Gruben und die Verwaltung des Knappschaftsvereins in denselben Händen, sodaß eine scharfe Trennung nach der einen oder andern Seite nicht möglich war. Die Bergverwaltung ließ es sich angelegen sein, das Gedeihen des Instituts nach Kräften zu fördern und gab der Verwaltung desselben durch das Reglement vom 26. November 1817 eine neue Richtschnur. Mit der Verwaltung übernahm die Bergverwaltung gleichzeitig die Gewähr für die Erfüllung der den Vereinsgenossen im Reglement gemachten Zusagen, indem von da ab neben den Beiträgen der Genossen Zuschüsse durch die Grubenkassen geleistet wurden. Dieses Zusammenwirken des Werksbesitzers und der Arbeiter ist die Grundlage derjenigen gesetzlichen Bestimmungen geworden, welche dem gesamten Bergbau des preußischen Staates die Verpflichtung zur Bildung knappschaftlicher Einrichtungen auferlegten.

Was die Rechte und Pflichten der Knappschaftsgenossen im einzelnen anbetrifft, so bestimmte das Reglement vom 26. November 1817, daß nur völlig gesund befundene Berg- und Hüttenarbeiter auf den der Verwaltung bezw. Oberaufsicht des Bergamtes unterstehenden Berg- und Hüttenwerken Mitglieder der Knappschaft werden konnten, soweit sie zum Tragen der preußischen Nationalkokarde berechtigt waren. Die zum Kriegsdienste oder zum Dienste im stehenden Heere verpflichteten, sowie die zum Militärdienste noch nicht ausgehobenen und die der Kriegsreserve oder Landwehr angehörigen Leute durften nur bedingungsweise aufgenommen werden und hatten im Falle der durch Krieg herbeigeführten Invalidität weder für sich noch für ihre Angehörigen Ansprüche an die Kasse. Die Obersteiger und Schichtmeister waren von der Mitgliedschaft ausgeschlossen.

An ordentlichen und außerordentlichen Gebühren hatten die Mitglieder zur Kasse zu entrichten:

1. Einen laufenden Beitrag vom Taler des verdienten Lohnes (Förderungs-, Geding- und Schichtlohns);
2. das Freischichtengeld (Ertrag zweier Arbeitsschichten, welche vierteljährlich zum Vorteile der Knappschaftskasse verfahren werden mußten);
3. die Gebühren für den Trauschein, den Pflichtschein, die Anfahr- und Abkehrscheine;
4. die Gebühren der neu angelegten und in eine höhere Lohnklasse aufrückenden Mitglieder;
5. das Feierschichtengeld, welches die mit Urlaub die Bergarbeit verlassenden Bergleute als Ersatz für Büchsengeld und Freischichtengeld zur Wahrung ihrer Rechte als Knappschaftsmitglieder zu zahlen hatten.

Die Wohltaten, auf welche jedes wirkliche Mitglied bei unausgesetzter Beitragszahlung Anspruch hatte, bestanden in:

1. Gnadenlohn für sich, wenn es invalide wurde und für seine Witwe, wenn es starb;
2. Krankenlohn;
3. freier Kur und Arznei, wenn es beschädigt oder krank wurde, sofern die Krankheit nicht durch Schlägerei oder liederliche Lebensart entstanden war;
4. Unterstützung für die Kinder, wenn es invalide wurde oder starb;
5. einer Beihilfe zu den Begräbniskosten;
6. freiem Schulunterricht für seine Kinder.

Die Bewilligung der Leistungen erfolgte nach bestimmten Grundsätzen. Bezüglich der Gnadenlöhne wurde unterschieden zwischen Verheirateten und Unverheirateten und beide zerfielen wieder in je 3 Klassen, nämlich in

1. Klasse: Steiger, Kohlenmesser, Hochofen-, Frisch- und Förmermeister usw.,
2. Klasse: Probehauer, Zimmer- und Schmiedemeister, Grubenwächter, Vorschmiede, Aufgießer usw.
3. Klasse: Förderleute, Aufgeber, Kohlenschütter, Pocher usw. Ebenso wurden die Gnadenlöhne der Witwen nach diesen Klassen bemessen.

Die Waisenunterstützung war für alle Kinder gleich, konnte aber unter Umständen über den normalen Betrag erhöht werden. Sie stand den Knaben bis zum Eintritt in das 15., den Mädchen bis zum Eintritt in das 14. Lebensjahr zu.

Was die Krankenlöhne anbetrifft, so wurden solche bereits bis zur Krankheitsdauer von 8 Wochen in einer Höhe von 50 v. H. des täglichen Schichtlohns bewilligt und fielen den Grubenkassen — also dem Arbeitgeber — allein zur Last. Für die weitere Krankheitsdauer wurde ein fester Wochensatz aus der Knappschaftskasse gewährt ohne Unterschied der Klasse, aber verschieden bemessen, je nachdem der Berechtigte verheiratet oder unverheiratet war. Starb ein Mitglied plötzlich, ohne Krankenlohn bezogen zu haben, so erhielten die Witwe oder die nachgelassenen Kinder das ganze achtwöchige Lohn des Verstorbenen als Abschiedsgnadenlohn.

Das Krankenlohn wurde nur auf grund ärztlicher, mit dem Gutachten des Knappschaftsältesten versehener Atteste bewilligt, und die Kur- und Arzneikosten auf grund der vom Bergarzte, Bergchirurgen, Knappschaftsältesten oder Grubenoffizianten bescheinigten Krankenscheine auf die Kasse übernommen. Auch die Invaliden hatten Anspruch auf freie Kur und Arznei, Frauen und Kinder jedoch nur ausnahmsweise in Fällen großer Bedürftigkeit oder langwieriger Krankheit.

Eine Beihilfe zu den Begräbniskosten wurde ebenfalls gewährt und richtete sich in ihrer Höhe wieder nach der Klasseneinteilung für die Gnadenlöhne. Gnadenlöhner selbst erhielten eine geringere, Tagelöhner bei natürlichem Tode keine Begräbnisbeisteuer. Verunglückte aber ein Mitglied ohne sein Verschulden bei der Werksarbeit tödlich, so übernahm die Kasse die ganzen Begräbniskosten. In Fällen besonderer Armut konnte auch Frauen und Kindern eine Begräbnisbeihilfe bewilligt werden.

Die Gewährung freien Schulunterrichts erstreckte sich nicht nur auf die Zahlung des in den Landschulen üblichen Schulgeldes durch die Kasse, sondern auch auf die noch heute beibehaltene Lieferung der Schulbücher und Schreibmaterialien.

Zu erwähnen ist noch, daß auch durchreisenden, mit gehörigem Abkehrschein und Pässen versehenen Bergleuten ein sogenannter Zehrpfennig aus der Knappschaftskasse verabreicht wurde.

Den Anspruch auf Unterstützung für ihre Kinder verloren die Gnadenlöhner, welche das preußische Staatsgebiet verließen, wenn sie diese mitnahmen. Auch gingen die Bergleute, die zur Strafe abgelegt wurden, ihrer Ansprüche an die Kasse verlustig. Doch scheint von dieser Strafe nur in den seltensten Fällen und nur mit besonderer Erlaubnis des Bergamtes selbst Gebrauch gemacht worden zu sein.

Wer ohne invalide zu sein den Bergbau verließ, ein anderes Gewerbe ergriff oder sich dem Müßiggange ergab, setzte sich dadurch aus aller Verbindung mit der Knappschaft.

Die Gewährung der Witwenunterstützung unterlag gewissen Beschränkungen, z. B. wenn bejahrte Mitglieder junge Frauen heirateten.

Alsdann mußten letztere entweder auf die Witwenpension verzichten oder es mußte für die Erhaltung des Anspruchs ein doppelter Knappschaftsbeitrag für die Dauer von 5 Jahren nachgezahlt werden.

Gnadenlöhner, welche heirateten, hatten für Frau und Kinder keinerlei Anspruch an die Kasse.

Durch das Reglement vom 26. November 1817 wurde die früher vorhandene Selbstverwaltung des Vereins nahezu beseitigt, dagegen seine Aufgaben erweitert; auch wurden die Einnahmen durch die Zuschüsse der Grubenkassen wesentlich vermehrt und die Ausgaben durch die unentgeltliche Besorgung der Vereinsgeschäfte seitens der Bergbeamten nicht unerheblich vermindert. Eine gewisse Mitwirkung der Grubenbelegschaft an den Geschäften fand nur dadurch statt, daß ihr das Recht zuerkannt wurde, behufs Ernennung eines Knappschaftsältesten durch das Königliche Bergamt, je 3 Bergleute, zu denen sie das meiste Vertrauen hatte, in Vorschlag zu bringen. Die Knappschaftsältesten sollten als Mittelspersonen zwischen den Knappschaftsmitgliedern und der Verwaltung die ordnungsmäßige Ausübung der Krankenpflege beaufsichtigen, die häuslichen Verhältnisse der Mitglieder erkunden, Bescheinigungen über Unterstützungs-Bedürftigkeit und Würdigkeit derselben ausstellen und die Ausführung der reglementarischen Bestimmungen überwachen, insbesondere auch darauf sehen, daß die Kinder der Knappschaftsmitglieder die Schule besuchten.

Neben der materiellen Unterstützung seiner Mitglieder machte das Reglement hauptsächlich auch die sittliche Hebung der bergmännischen Bevölkerung und besonders der Jugend zum Gegenstand der verwaltenden Fürsorge.

Das Reglement vom 26. November 1817 erfuhr zunächst, abgesehen von einigen Abänderungen im Jahre 1819, die sich auf die Rechte und Pflichten der Mitglieder bezogen, keinerlei erhebliche Veränderungen. Dagegen wurden die Gnadenlöhne der Invaliden und Witwen in den folgenden Jahren mehrfach neu festgesetzt. Sie richteten sich in ihrer Höhe nach dem Dienstgrade, der Dienstzeit und der Stärke der Familie.

Den unbeeidigten Bergleuten, die bis dahin völlig rechtlos inbezug auf ihr Verhältnis zur Knappschaft dagestanden hatten, wurde zum erstenmal durch die bergamtliche Verordnung vom 29. Januar 1822 ein beschränkter Anspruch an den Knappschaftsverein zugestanden und freie Kur und Arznei auf die Dauer von 4 Wochen bei Entrichtung der vollen Beiträge und Gleichstellung mit den Vereideten im Falle der Verunglückung bei der Berufsarbeit gewährt.

Die in den folgenden Jahrzehnten erlassenen beiden Knappschaftsordnungen vom 20. Januar 1839 und 23. Juni 1853 schließen sich im wesentlichen eng an das Reglement vom 26. November 1817 an, das streng genommen heute noch die Grundlage für unser gesamtes Knappschaftswesen bildet.

Die genannten Knappschaftsordnungen bestehen aus je 3 Abschnitten, von denen der erste allgemeine reglementarische Bestimmungen trifft, der zweite das eigentliche Statut enthält und der dritte die Vorschriften über die innere Einrichtung der Kasse behandelt. Der wichtigste, allein inbetracht kommende Abschnitt, ist der zweite Teil. Danach wurde inbetreff der Beitragsleistung eine Dreiteilung eingeführt und die Knappschaftsmitglieder in die im festen Wochenlohn stehenden Grubenbeamten vom Fahrsteiger abwärts, zweitens in die im Gedinge und Schichtlohn arbeitenden Bergleute ohne Unterschied und endlich in die Holzschneider, Maurer über Tage und ähnliche Arbeiter eingeteilt und danach ihre Leistungen und Ansprüche bemessen.

An außerordentlichen Gebühren wurden die Trauscheingebühr und das Feierschichtengeld beibehalten, während das Freischichtengeld, die Gebühren für Einschreiben, Anfahr- und Abkehrschein, sowie diejenigen für die neuanzunehmenden und in eine höhere Lohnstufe aufrückenden Bergleute als zu hart in Wegfall kamen.

In dem Umfang der Wohltaten fanden im allgemeinen keine Änderungen statt. Die Dreiklasseneinteilung nach dem Dienstgrade wurde beibehalten, jedoch traten an Stelle der Abstufungen nach dem Grade der Erwerbsfähigkeit 5 Dienstaltersstufen, die im Reglement von 1853 auf 8 Stufen erweitert wurden. War Arbeitsunfähigkeit mit einer Verunglückung bei der Grubenarbeit verknüpft, so erhielt der Bergmann — ob ständig oder unständig — die Invalidenpension der nächsthöheren Dienstaltersstufe. Auch für die Gewährung der Witwenunterstützung blieb das Dreiklassensystem maßgebend, im übrigen richtete sich die Gewährung der Witwenunterstützung ebenfalls nach dem Dienstalter des verstorbenen Mannes.

Trat der Tod eines Mitgliedes infolge Verunglückung oder Beschädigung bei der Arbeit ein, so erhielt die Witwe jedesmal den höchsten Satz der Klasse, welcher der Verstorbene angehörte.

Die früheren Altersgrenzen für die Gewährung der Waisenunterstützungen sind im Reglement von 1839 beibehalten, dagegen in der Knappschaftsordnung von 1853 für den Bezug der Waisenunterstützung bei den Knaben auf die Vollendung des 16. und bei den Mädchen auf die Vollendung des 15. Lebensjahres festgesetzt worden. Auch wird in der letztgenannten Ordnung zwischen Ganzwaisen und Halbwaisen unterschieden, je nachdem ob Vater und Mutter verstorben sind oder ob noch ein Teil lebt bezw. Pension bezieht.

Auch inbezug auf Gewährung der Krankenunterstützung und der Begräbniskostenbeihilfe wurden, abgesehen von einer mässigen Erhöhung der festen Wochenkrankenlöhne, keine Änderungen herbeigeführt. Der Genuß der freien Kur und Arznei, wozu auch die Beamten und Invaliden berechtigt waren, erstreckte sich bei den Arbeitern auf die Dauer des Krankengeldbezuges.

Krankenlohn wurde nicht gezahlt, solange ein Kranker zur Behandlung in einem Krankenhause untergebracht war.

Auf die Förderung des Schulunterrichts wurde besonders Gewicht gelegt, das Schulgeld für die Kinder der ständigen Bergleute, der Invaliden und verstorbenen Vereinsmitglieder aus der Kasse bestritten und ihnen die Schulbücher unentgeltlich geliefert.

Endlich bleibt noch eine durch die Allerhöchste Kabinettsordre vom 23. August 1831 eingeführte und in die Knappschaftsordnung von 1839 aufgenommene Unterstützung zu erwähnen, auf grund deren die Familien der ständigen und verheirateten Bergarbeiter, die zum Dienste im stehenden Heere herangezogen wurden, sowie die Familien der als Landwehrleute zu den großen Manövern eingezogenen Bergleute während dieser militärischen Dienstleistungen die Hälfte des Krankengeldes, welches sie aus der Knappschaftskasse im Krankheitsfalle zu beanspruchen gehabt hätten, als zeitweise Unterstützung bezogen. Diese Bestimmung ist jedoch in die Knappschaftsordnung von 1853 nicht mehr übernommen, vielmehr wurde hier angeordnet, daß die Ansprüche der Bergleute auf die Wohltaten der Kasse für die Zeit, während der sie zum Militärdienst, sei es in Kriegs- oder Friedenszeiten einberufen waren, sowohl für ihre Person als für ihre Familie ruhten.

Die Bestimmungen über den Verlust der Ansprüche der Mitglieder wurden im großen und ganzen unverändert beibehalten; nur wurde neu bestimmt, daß die Verrichtung von Arbeiten ohne Erlaubnis des Arztes, der Besuch von Wirtshäusern und Vergnügungen den Verlust sämtlicher Krankenunterstützungen, die Nichtbefolgung der Verweisung in ein Krankenhaus die Entziehung des Krankengeldes zur Folge hatte. Mißbräuche mit Arzneimitteln, Schulbüchern und sonstigen Verabreichungen aus den Mitteln der Kasse führten ebenfalls den Verlust dieser Wohltaten herbei.

Alljährlich wurden auch die Knappschaftsältesten zu einer Versammlung im Dienstgebäude des Bergamts einberufen und ihnen von dem Gange der Verwaltung und den Ergebnissen des abgelaufenen Rechnungsjahres zur Mitteilung an die Belegschaft Kenntnis gegeben.

IV. Die Heranziehung und Ansiedelung fremder Bergleute.

Während in den ersten 4 Jahrzehnten seit Übernahme der Nassau-Saarbrücker Lande in preußischen Besitz Arbeiterzahl und Förderung auf den königlichen Steinkohlenbergwerken nur ganz allmählich anstiegen, traten im Jahre 1853 mit Eröffnung der Saarbrücker Staatseisenbahn an die staatliche Bergverwaltung infolge des ersten allgemeinen wirtschaftlichen Aufschwunges, den damals das gewerbliche Leben nahm, ganz außerordentliche Anforderungen heran. Das Königliche Bergamt suchte, um der außerordentlichen Nachfrage nach Kohlen einigermaßen zu genügen, naturgemäß zunächst eine Vergrößerung der Belegschaft durch Heranziehung der in den entfernten Orten der Kreise Saarbrücken, Saarlouis, Merzig und St. Wendel seßhaften Bewohner herbeizuführen.

Da diese Bemühungen sich jedoch bald als völlig unzureichend erwiesen, so stellte das Königliche Bergamt unter Zugrundelegung einer vom Bergmeister Lütke ausgearbeiteten ausführlichen Denkschrift zur Heranziehung der benötigten Arbeiter, deren Zahl auf etwa 2000 geschätzt wurde, einen besonderen Plan auf, der folgende außerordentliche Maßnahmen umfaßte.

1. Öffentliche Bekanntmachung des vorhandenen Arbeiterbedürfnisses auf den Saargruben und der Arbeitsbedingungen daselbst in den Tageszeitungen und Kreisblättern der inbetracht kommenden Landesteile,
2. Bewilligung von Reisegeldern an die von fern heranziehenden Bergleute und die zu ihrer Anwerbung bestimmten Bergbeamten,
3. Unterbringung der Bergleute in der Nähe der Grube in Schlafhäusern und Schlafschuppen, sowie Unterstützung der eigenen Bautätigkeit,
4. Errichtung vollständiger Menagen auf den Gruben,
5. Errichtung von Badeanstalten,
6. Unterbringung von erkrankten, fremden Bergleuten in Lazaretten.
7. Erhöhung der Schichtlöhne und Gedinge für die neu angelegten Bergleute,
8. Zahlung von Vorschüssen an die zugewanderten Bergleute.

Nachdem der Handelsminister unter dem 6. Juli 1853 seine Zustimmung zu den von seiten des Königlichen Bergamtes gemachten Vorschlägen gegeben und die dazu nötigen Geldmittel bereitgestellt hatte, setzte sich das Königliche Bergamt unmittelbar mit einer großen Zahl preußischer und nichtpreußischer Behörden in Verbindung und richtete unter andern Anfragen an die Landratsämter der benachbarten Bezirke, an die bayerische Regierung der Pfalz, das Königlich Sächsische Oberbergamt in Freiberg, das Hannoversche Berg- und Forstamt zu Clausthal, das Hannoversche und Herzoglich-Braunschweig-Lüneburgische Bergamt zu Goslar usw. Außerdem wurden Bekanntmachungen über die Nachfrage nach Arbeitskräften, über die Arbeitsbedingungen und die auf den Saargruben gezahlten Normalschichtlohnsätze in den Kreisblättern der Regierungsbezirke Trier, Coblenz und Aachen veröffentlicht. Das Ergebnis dieser Anfragen, namentlich bei den Bergbehörden, war im Anfang durchaus erfolglos. Dem Königlichen Bergamte war es in erster Linie darum zu tun, gelernte Hauer zu bekommen. Diese blieben aber ganz aus. Statt dessen kamen infolge der wiederholten Veröffentlichungen in den Tagesblättern sowie der Bemühungen der Bürgermeistereien zahlreiche Bewohner aus den benachbarten ländlichen Kreisen, die der bergmännischen Arbeit gänzlich ungewohnt, sich den Verhältnissen und der Disziplin auf den Gruben nicht fügen wollten und zum größten Teil nach kurzer Zeit wieder abkehrten. So verließen z. B. in der Zeit vom 1. November 1853 bis zum 1. Mai 1854 auf Grube Dudweiler von 813 neu angenommenen Arbeitern 501 wieder die Arbeit. Aber auch abgesehen von der Schwierigkeit, die mit der Anlegung so zahlreicher völlig ungeübter Arbeiter verknüpft war, konnten die an sie ausgezahlten Schlepperlöhne nicht als ausreichend bezeichnet werden, um ihnen, falls sie verheiratet waren, das Führen eines doppelten Haushaltes zu ermöglichen. Auch sahen sich die Schlepper häufig außer stande, die zur Erreichung ihrer Normalschichtlöhne erforderlichen Kohlenmengen, wegen Mangels an Förderwagen, zu fördern. Eine Abstellung ihrer Beschwerden trat erst ein, als 1200 neue Förderwagen ausgeschrieben und angeliefert wurden, da die Bergschmieden nicht annähernd in der Lage waren, die erforderliche Zahl rechtzeitig fertig zu stellen. Es blieben unter diesen Umständen auf die Dauer nur verhältnismäßig wenige junge rüstige Leute, die nicht allzuweit von der Grube weg wohnten und einmal in der Woche ihre Familie besuchen konnten. Es sei übrigens bei dieser Gelegenheit der Verdienste des Kommerzienrats Krämer auf der Quinthütte gedacht, der bei Heranziehung von Arbeitern aus der Eifel dem Saarbrücker Bergamt nach jeder Richtung hin mit Rat und Tat beistand.

Die Bemühungen, fremde Bergleute heranzuziehen, hatten mehr Erfolg, als einige Bergbeamte zur Anwerbung der Bergleute an Ort und Stelle in fremde Bergreviere entsandt wurden. Unter diesen bereisten im Jahre 1854 und 1855 mit dem größten Erfolg der Oberbergamtsassessor Schwarze die Grafschaft Henneberg und Richelsdorf, der Berggeschworene Erdmenger Mansfeld und die thüringisch-sächsischen Lande, der Obersteiger Kniest einzelne Teile der Regierungsbezirke Trier und Coblenz, der Geschworene Heinz die Eifel, der Geschworene Busse die bayerische Pfalz. Dem Oberbergamtsassessor Schwarze war es gelungen, bei seiner Anwesenheit in Schleusingen annähernd 400 Mann anzuwerben. Da die Bewohner der Grafschaft Henneberg in dem Rufe fleißiger und genügsamer Bergleute standen, so drängte das Oberbergamt darauf, daß die Anlegung dieser Leute möglichst beschleunigt werden sollte. Inzwischen war jedoch infolge der zahlreichen Bemühungen der Andrang von Arbeitern von allen

Seiten so stark geworden, daß alle Stellen in den Schlafhäusern besetzt waren und die Erweiterungen und Neubauten der Schlafhäuser und Schuppen mit der Zahl der unterzubringenden Bergleute nicht Schritt halten konnten. Als daher die ersten 100 Schleusinger Arbeiter durch den Registrator Richter abgeholt wurden, war das Bergamt gezwungen, die eine Hälfte auf Grube Gerhard, die andere in einem der Firma de Wendel gehörigen, in St. Johann befindlichen Schuppen unterzubringen, der als Schlafschuppen eingerichtet wurde. Die hier untergebrachten Leute sollten auf den Gruben Prinz Wilhelm und Jägersfreude angelegt und zu diesem Zweck täglich auf den leeren, offenen Kohlenzügen vom St. Johanner Bahnhof dorthin befördert werden und den Rückweg zu Fuß zurücklegen. Da diese Art der Beförderung bei dem langen Anfahrweg im Winter sehr unvollkommen war, so blieb es nicht aus, daß 53 von den zugewanderten 100 Bergleuten die Arbeit noch in demselben Jahre verließen und unter Beanspruchung von Reiseunterstützung in ihre Heimat zurückkehrten.

Die Lage der Königlichen Grubenverwaltungen war auch anderwärts angesichts des Zusammenströmens der zahlreichen Arbeiter, die sich infolge der Bekanntmachungen und Bemühungen der Landratsämter und Bürgermeistereien nun mit einem Male von allen Seiten meldeten, und angesichts der Unmöglichkeit, sie auf den Gruben selbst unterzubringen, teilweise eine recht schwierige. Zwar suchte man das Schlafhaus auf dem Riegelsberg mit allen Mitteln fertig zu stellen und neue Unterkunftsräume auf den Gruben Heinitz und Reden, sowie auf den Gruben des Sulzbachreviers für je 600 Mann schleunigst in Angriff zu nehmen, doch dauerte es eine geraume Zeit, bis sie wirklich bezogen werden konnten. Außerhalb der Schlafhäuser war es den Bergleuten bei den gesteigerten Miets- und Lebensmittelpreisen und infolge der geringen Besiedelung und der deshalb fehlenden Mietsgelegenheit kaum möglich, privatim ein Unterkommen zu finden. So kostete z. B. im Bliesrevier Kost und Unterkunft im Monat 8 bis 9 Taler. Auf Grube Kronprinz weigerten sich die Einwohner überhaupt Kostgänger zu nehmen.

Die von den Grubenverwaltungen an die Bergleute ausgezahlten Vorschüsse erreichten eine ganz erhebliche Höhe, da ihnen notwendigerweise neben den vorschußweise gelieferten Grubenlichtern, Gezähestücken und dem Öl nicht unbedeutende Vorschüsse zur Bestreitung der Kosten ihrer Unterkunft, der Ausgaben in der Speiseanstalt, der Anschaffung von Lebensmitteln usw. gezahlt werden mußten.

Zur Bestreitung der Reisekosten erhielten die Arbeiter eine Reiseunterstützung von 3 Silbergroschen für die Meile, die in der Regel nachträglich ausbezahlt oder von den Gemeinden oder Kreisen vorgestreckt, in jedem Falle aber auf den Staatshaushalt übernommen wurde.

Außerdem erwuchs für den Bergfiskus die Pflicht, für das von den Gemeinden erhobene Einzugsgeld aufzukommen, das, je nachdem der Einziehende und, wenn er verheiratet war, seine Frau Inländer oder Ausländer war, zwischen 5 und 20 Taler schwankte. Kehrte ein Arbeiter, wie es vielfach vorkam, aus irgend welchen Gründen, aus Unlust zur Arbeit oder wegen körperlicher Gebrechen kurze Zeit nach seiner Annahme wieder ab, so hatte die Bergverwaltung ihre erheblichen Aufwendungen nicht nur umsonst gemacht, sondern erlitt unmittelbaren Schaden dadurch, daß sie die von ihr gemachten Vorschüsse, auf deren Rückerstattung sie Anspruch hatte, verloren geben mußte. Andererseits war es vielen Bergleuten, namentlich denen mit zwei Haushalten, nur schwer möglich, bei der geringen Höhe der damaligen Löhne die erhaltenen Vorschüsse wieder abzutragen.

Die mit der Vermittelung fremder Arbeiter betrauten Behörden hatten vielfach alte, körperlich untaugliche Leute in das Saarbrücker Revier geschickt, die garnicht angelegt werden konnten oder nach wenigen Tagen die Arbeit wieder verlassen mußten. Auch fanden sich, wie überall, so auch hier unter den zugereisten Arbeitern unzufriedene, arbeitsscheue Leute, die ihre Kameraden aufzuhetzen und zur Abkehr zu bewegen suchten.

Infolge all dieser Umstände war nicht nur der Wechsel unter den unständigen Bergleuten auf den Gruben ein ganz außerordentlicher, sondern zahlreiche Leute, deren Heranziehung mit großen Kosten verknüpft war, kehrten in ihre Heimat zurück und fielen ihren Gemeinden zur Last. Infolgedessen liefen bei dem Bergamt in Saarbrücken zahllose Beschwerden der Ortsbehörden, namentlich der Bürgermeistereien der Rheinprovinz, ein, daß die durch ihre Vermittelung auf den Gruben eingetroffenen und wieder abgekehrten Arbeiter nicht angelegt und ordentlich beköstigt seien, keine Reiseunterstützungen empfangen hätten, kurz, daß die gegebenen Versprechen nicht gehalten wären.

Die größten Schwierigkeiten waren für das Königliche Bergamt jedoch mit der Aufnahme einer Anzahl Harzer Bergleute verknüpft. Durch Vermittelung des Clausthaler Berg- und Forstamtes waren im Laufe des Jahres 1855 60 bis 70 aus dem Oberharz (Lautenthal, St. Andreasberg, Clausthal) stammende Bergleute nach Saarbrücken gewandert und dort zur Hälfte auf Dudweiler-Jägersfreude, zur Hälfte auf Heinitz angelegt worden. Die Reisekosten wurden von dem Clausthaler Berg- und Forstamte den Bergleuten vorgestreckt und durch das Saarbrücker Bergamt wieder ersetzt. Da die Harzer Arbeiter jedoch zum großen Teil verheiratet waren, so mußten ihre zurückgebliebenen Familien unterstützt werden, zu welchem Zwecke den ersteren wöchentlich 1 Taler 16 Silbergroschen vom Lohn in Abzug gebracht werden sollten. Ende des Jahres 1855 erklärte sich der Minister sogar bereit, die Kosten zur Übersiedelung der im Harz zurückgebliebenen Familien auf die Staatskasse zu übernehmen und stellte dafür Fonds zur Verfügung. Trotz aller dieser Vergünstigungen und außerordentlichen Ausgaben gelang es nur, einen Teil der Harzer zur dauernden Ansiedelung zu bewegen. Eine nicht unbeträchtliche Zahl zeigte sich zur Steinkohlenarbeit unbrauchbar, indem es ihnen mehr an gutem Willen als an Anstelligkeit und Übung fehlte. Infolgedessen waren sie den Gruben eher eine Last, als daß sie ihnen Nutzen brachten. Sie konnten aber nicht ohne weiteres entlassen werden, da sie dem Bergfiskus erhebliche Vorschüsse für Unterhaltung ihrer Angehörigen usw. schuldeten und Reisegeld für die Rückreise verlangten. Jedoch reiste ein Teil der Heinitzer Bergleute ab, nachdem er vom Landrat in Ottweiler einen Vorschuß von 10 Talern und die Erlaubnis zum Musizieren in den Ortschaften erhalten hatte, unter Zurücklassung ihrer Familien, die den Gemeinden zur Last fielen. Dies mußte notwendigerweise dazu führen, daß die Gemeinden den später einziehenden Bergleuten alle nur erdenklichen Schwierigkeiten in den Weg legten in der Besorgnis, die Familienangehörigen unterhalten zu müssen. Das Bergamt sah sich daher veranlaßt, die zurückgebliebenen Familien kurzerhand Ende 1857 auf eigne Kosten nach dem Harz zurückzuschieben. Die durch die Abkehr der Bergleute entstehenden nicht unbeträchtlichen Ausfälle an nicht bezahlten Vorschüssen wurden ebenfalls auf die Staatskasse übernommen. Eine besondere Schwierigkeit in der Ansiedelung Harzer Bergleute entstand noch dadurch, daß das Clausthaler Berg- und Forstamt an die Hersendung dieser Leute die ausdrückliche Bedingung geknüpft hatte, daß sie in den preußischen Untertanenverband aufgenommen würden. Zur Naturalisation von Ausländern genügte es nach dem damals in Kraft befindlichen Gesetz vom 31. Dezember 1842 über die Erwerbung und den Verlust der Eigenschaft als preußischer Untertan nicht, daß der Antragsteller ein Leumundszeugnis über seinen bisherigen Lebenswandel besaß und den Nachweis darüber führen konnte, daß er in der Lage war, sich und seine Angehörigen zu ernähren, daß er eine Wohnung an dem Orte, an welchem er sich niederlassen wollte, besaß und seiner Militärpflicht genügt hatte, sondern es mußte auch die Niederlassungsgemeinde über ihre etwaigen Einwendungen gehört werden. Das Königliche Bergamt bemühte sich nun, nachdem durch seine Vermittelung die sämtlichen Zeugnisse mit vieler Mühe herbeigeschafft waren, die Anträge der Bittsteller zunächst in einer Gesamteingabe, die später in Einzelgesuche gefaßt wurde, nach jeder Richtung hin zu unterstützen. Aber trotzdem es sich nur um die beiden Kolonien Herrensohr und Elversberg handelte, war es trotz aller Bemühungen wegen des Widerspruchs der Gemeinden Dudweiler und Spiesen und des ablehnenden Verhaltens der Landräte zu

Saarbrücken und Ottweiler sowie der Regierung zu Trier den Bittstellern nicht möglich, naturalisiert zu werden. Die Regierung zu Trier machte ihre Zustimmung zur Naturalisation davon abhängig, daß zuvor die Verhältnisse der beiden fraglichen Kolonien in einer die Interessen der Gemeinden sichernden Art und Weise geregelt würden. Die dauernde Vorenthaltung der Naturalisation hatte zunächst eine Änderung des Knappschaftsstatuts zur Folge, die deshalb nötig wurde, weil nur geborene oder naturalisierte Preußen ständige Mitglieder werden konnten. Den unverheirateten, fremd hergezogenen Bergleuten, die verlobt waren und zum Teil ihre Bräute hatten nachkommen lassen, war es außerdem unmöglich gemacht zu heiraten, da ihnen als Ausländern die nach dem Gesetz vom 13. März 1854 dazu benötigte Bescheinigung ihrer Heimatsbehörde fehlte und nicht ausgestellt wurde. Die davon betroffenen jungen Bergleute, die mit ihren Bräuten teilweise einen gemeinschaftlichen Haushalt führten und infolge der in Aussicht stehenden Naturalisation gehofft hatten, heiraten zu können, zogen zuletzt infolge der vielen Scherereien in ihre Heimat zurück oder siedelten nach dem benachbarten Frankreich über, wo sie sich nach Ablauf einer zur Erlangung des sogenannten Ehedomizils vorgeschriebenen Zeit von sechs Monaten trauen lassen konnten.

Diesem unerquicklichen Zustande wurde endlich im Jahre 1859 durch Eingreifen des Handelsministers ein Ende gemacht, der die Naturalisation der Harzer Bergleute anordnete. Zugleich wurden 27 aus Riechelsdorf stammende kurhessische Bergleute in den preußischen Untertanenverband aufgenommen, die sich in Herrensohr niedergelassen und ihre Naturalisation bereits zwei Jahre vorher beantragt hatten, aber infolge des Widerspruchs der Gemeinde Dudweiler abgewiesen worden waren.

Da die Nachfrage nach Arbeitskräften Ende der fünfziger Jahre wieder größer wurde, so sah sich das Königliche Bergamt in Saarbrücken veranlaßt, seine Bemühungen, fremde Bergleute durch die Tageszeitungen oder durch Absendung von Saarbrücker Beamten anzuwerben, wieder aufzunehmen. Es war jedoch infolge der vielen schlechten Erfahrungen wesentlich vorsichtiger geworden und erklärte, nur solche Leute anzunehmen, die ein Zeugnis des Kreisphysikus ihrer Heimatsbehörde über ihre körperliche Tauglichkeit beizubringen in der Lage und nicht über 35 Jahre alt wären. Auch durften Arbeiter, die bereits auf königlichen Gruben gearbeitet hatten, aber abgekehrt waren, nicht wieder angelegt werden.

Die in der Folgezeit mit den angenommenen Bergleuten gemachten Erfahrungen waren daher auch wesentlich günstiger. Es kamen unter anderen hauptsächlich Bewohner der Grafschaft Henneberg inbetracht, an deren Übersiedlung der dortige Landrat ein wesentliches Verdienst hatte. Außerdem wurden im Herbst 1859 Bergleute von den Salinen zu Kösen, Artern, Staßfurt, Colberg, die damals zum Teil zum Erliegen kamen, auf den Gruben Gerhard und Von der Heydt, wo namentlich Arbeitermangel herrschte, als Zimmerleute, Schachthauer und Zechenschmiede, angelegt. Im Anfang des Jahres 1860 wurden 18 Bergleute aus Kamsdorf in Thüringen, wo der Bergbau auf Kupferschiefer damals eingestellt wurde, durch Vermittlung des dortigen Berggeschworenen nach Saarbrücken übergeführt und dort angesiedelt. Die Bemühungen, Bergleute aus dem niederrheinisch-westfälischen Steinkohlenbergbaubezirk und aus dem Königreich Sachsen heranzuziehen, hatten, abgesehen von vereinzelten Meldungen, trotz wiederholter Veröffentlichungen in den dortigen Zeitungen, z. B. im Berggeist, der Essener Zeitung, im Glückauf, keinen nennenswerten Erfolg, da in den dortigen Gegenden reichlich Arbeitsgelegenheit vorhanden war und die dortigen Bergbehörden sich außer Stande sahen, die Bemühungen des Saarbrücker Bergamts zu unterstützen. Neben den wiederholten Veröffentlichungen in den Kreisblättern und sonstigen Zeitungen versuchte das Königliche Bergamt immer wieder durch Absendung von Bergbeamten in die verschiedenen Bergbaubezirke und durch Verhandlung an Ort und Stelle mit den Lokalbehörden Bergleute heranzuziehen. So bereisten in den Jahren 1859 und 1860 der Bergmeister Leist die siegener und nassauischen Reviere, der Oberberggeschworene Müller und mehrere Steiger der Gruben Gerhard und Von der Heydt die Gegend an der unteren Saar und der Mosel, den Hunsrück, die Eifel und den Aachener Bezirk mit wechselndem Erfolg. Noch im Jahre 1865 begaben sich Berginspektor Hauchecorne und Bergassessor Nöggerath im Auftrage des Bergamts zu Saarbrücken nach Lothringen in die Gegend von St. Avold, wo angeblich Arbeitskräfte zu finden waren, ohne jedoch dort etwas zu erreichen. Es sind dies anscheinend die letzten Reisen, die von höheren Bergbeamten zur Heranziehung fremder Arbeitskräfte ausgeführt wurden. Die letzten beiden größeren Zuzüge fremder Bergleute fallen in die Jahre 1866 und 1867 und sollen noch an dieser Stelle erwähnt werden. Das eine Mal handelte es sich um 95 Bergleute, die, aus Lana in Böhmen stammend, im Anfang des Jahres 1866 vom Fahrsteiger Barth in Pirna in Empfang genommen und auf der Berginspektion II mit Erfolg angelegt wurden. Die Kosten ihrer Übersiedlung beliefen sich auf etwa 400 Taler. Der andere Fall betraf die Unterbringung eines Teiles der Belegschaft des im früheren großherzoglich hessischen Kreise Vöhl belegenen Kupferberg- und Hüttenwerks zu Thalitter, dessen Betrieb im Jahre 1867 eingestellt wurde. Da die Fürsorge für diese Leute dem Königlichen Bergamt durch das Königliche Oberbergamt zu Bonn ganz besonders nahe gelegt wurde und ihre Anwerbung dem Bergamt mit Rücksicht auf den Aufschwung, den der Bergbau an der Saar nach Beendigung des Krieges gegen Österreich nahm, sehr gelegen kam, so fanden sie noch in demselben Jahre mit einer Anzahl Osnabrücker Bergleute, die zu derselben Zeit von dem Georgs-

Marien - Bergwerks- und Hüttenverein entlassen wurden, Aufnahme, namentlich auf der Grube Heinitz.

Damit fanden die Versuche, Bergleute aus entfernten Revieren in größerer Anzahl heranzuziehen, ihren Abschluß. Selbstverständlich war es notwendig gewesen, mit diesen Bemühungen die Errichtung einer ganzen Anzahl von neuen Schlafhäusern zur Aufnahme und menschenwürdigen Unterbringung der heranziehenden Arbeiter, sowie die Errichtung von Speiseanstalten zu ihrer Beköstigung Hand in Hand gehen zu lassen und die eigene Bautätigkeit der Bergleute durch Gewährung von Bauprämien und zinsfreien Baudarlehen sowie durch Hergabe geeigneter Bauplätze nach Möglichkeit zu beleben. Der Erfolg war auch ein vollständiger. Dem Königlichen Bergamte war es auf diese Weise gelungen, innerhalb des zehnjährigen Zeitraumes von 1852 bis 1861 die Belegschaft von 6186 Mann auf 12 650 also auf mehr als das Doppelte und die Förderung gleichzeitig fast auf das Dreifache, von rund 723 000 t auf 2 091 000 t zu erhöhen.

Die weitere Steigerung bis zum Jahre 1867, zu welcher Zeit die Heranziehung fremder Bergleute aufhörte, war sogar so erheblich, daß die Förderung sich gegen das Jahr 1862 um mehr als eine Million t, die Belegschaft um rund 6 400 Mann erhöhten.

Nicht unerwähnt soll hier gelassen werden, daß die Heranziehung fremder Arbeiter in erster Linie dem Saarbrücker Hinterlande (Hunsrück, Eifel usw.) mit katholischer Bevölkerung zu gute kam, was sich auch in einer Verschiebung des Stärkeverhältnisses der religiösen Bekenntnisse zeigt:

	Evangelisch	Katholisch	Juden
1842	20 180	18 099	48
1855	23 409	24 658	77
1858	25 433	30 296	105
1861	27 603	34 210	150

B. Die Entwickelung der Arbeiterverhältnisse 1862—1903.

I. Die Gestaltung des Arbeitsvertrages.

1. Die Arbeitsordnungen vom 15. September 1866 und 6. August 1877.

Das Jahr 1861 bildet für die Entwickelung des Saarbrücker Bezirks einen wichtigen Merkstein, da am 1. Oktober dieses Jahres auf grund des Gesetzes vom 10. Juni 1861, betreffend die Kompetenz der Oberbergämter, das Bergamt zu Saarbrücken aufgehoben wurde und die Königliche Bergwerksdirektion daselbst an seine Stelle trat. Die vornehmliche Bedeutung dieser organisatorischen Änderung bestand darin, daß der Saarbrücker Bergverwaltung eine größere Selbständigkeit verliehen und damit eine schnellere, kräftigere und sachgemäßere Verwaltung als bisher gewährleistet wurde. Zu gleicher Zeit schieden eine Reihe Aufgaben, wie z. B. die Beaufsichtigung der Hüttenwerke und Privatgruben, der Erlaß von Bergpolizei-Verordnungen usw. aus, die dem Bergamt bisher obgelegen hatten und nun den Oberbergämtern bezw. Regierungen übertragen wurden. Auf die Arbeiterverhältnisse ist diese Änderung ebenfalls von wesentlichem Einfluß gewesen, weil nach dem Kompetenz-Reglement vom 24. Mai 1867 und den einschlägigen Anweisungen die Regelung der eigentlichen Arbeiterverhältnisse, namentlich auch die Feststellung der Löhne, Sache der Bergwerksdirektion bezw. der ihr unterstellten und damals errichteten sieben Berginspektionen wurde, während nur einzelne die Fürsorge für die Arbeiter betreffende Angelegenheiten, wie z. B. das Knappschaftswesen, der Mitwirkung des Oberbergamtes vorbehalten blieben.

Nicht minder wichtig für die Gestaltung der Arbeiterverhältnisse ist die in die damalige Zeit fallende Berggesetzgebung, namentlich das Gesetz vom 21. Mai 1860, betreffend die Aufsicht der Bergbehörden über den Bergbau und das Verhältnis der Berg- und Hüttenarbeiter, welches als Vorgänger des Allgemeinen Berggesetzes vom 24. Juni 1865 grundlegende Bestimmungen über das Vertragsverhältnis zwischen Bergleuten und Bergwerkseigentümer feststellte und die Freizügigkeit der Berg- und Hüttenarbeiter einführte.

Als Niederschlag dieser neueren Maßnahmen auf gesetzgeberischem Gebiete kann der Erlaß der ersten Arbeitsordnung für die Königlichen Steinkohlenbergwerke des Saarbezirks vom 15. September 1866 angesehen werden. Diese Arbeitsordnung traf in Anlehnung an die Bestimmungen des 3. Abschnittes von Titel 3 des A. B. G. Vorschriften über die wichtigsten Bestandteile des Arbeitsvertrages, wie z. B. über Annahme der Arbeiter, Aufhebung des Arbeitsverhältnisses, Kündigung, Schichtdauer, sowie über Festsetzung, Berechnung und Auszahlung des Lohnes u. a. m. Erwähnenswert ist hierbei, daß die Annahme aller Arbeiter, auch der ständigen Arbeiter, nicht mehr Sache des Bergamts war, sondern durch die Berginspektionen erfolgte. Die Verpflichtung der Arbeiter durch die Berggeschworenen war bereits durch Einführung des Gesetzes vom 21. Mai 1860 in Wegfall gekommen. Auch wurde damals die Einführung des Arbeitsbuches für sämtliche Arbeiterklassen vorgeschrieben, nachdem schon vorher die noch heute bestehende Arbeiterliste durch die Instruktion vom 16. Juni 1860 eingeführt worden war.

Eigentümlich war die in der Arbeitsordnung vom 15. September 1866 vorgesehene Kündigungsfrist, die für Arbeitgeber wie für Arbeitnehmer, soweit unständige und bei der Krankenunterstützungskasse beschäftigte Arbeiter in Frage kamen, vierwöchentlich war, während gegenüber den ständigen Arbeitern, die ebenfalls nach vierwöchentlicher Aufkündigung die Arbeit verlassen konnten, den Berginspektionen nur eine vierteljährliche Kündigung zustand. Diese eigenartige Bestimmung ist erst durch die Arbeitsordnung vom 6. August 1877 aufgehoben und die früher bestehende vierzehntägige Kündigungsfrist für beide Teile — Arbeiter und Arbeitgeber — wieder eingeführt worden. Die Schichtdauer wurde ebenfalls in der Arbeitsordnung festgelegt und zwar in Übereinstimmung mit der bisherigen Übung, wonach zwischen acht- und zwölfstündigen Schichten unterschieden wurde, die beide morgens um 6 Uhr mit dem Verlesen begannen. Für die achtstündige Schicht wurde eine viertelstündige Pause, für die zwölfstündige eine Vor- und Nachmittagspause von je einer Viertelstunde und eine Mittagspause von einer Stunde bestimmt. Im übrigen wurden keine wichtigeren Veränderungen gegen früher in der neuen A. O.*) eingeführt; auch wurde das disziplinare Strafreglement vom 3. August 1858 beibehalten. Das Bedürfnis zur Änderung der genannten A. O. trat erst ein, als dem schwindelhaften Aufschwung nach dem Kriege von 1870 ein eben so starker Rückschlag gegen Mitte der siebziger

*) A. O. bedeutet hier und weiterhin: Arbeitsordnung.

Jahre folgte und es nötig wurde, einen Teil der Belegschaft abzulegen oder zu beurlauben. Die damals von den Berginspektionen den ständigen Arbeitern gegenüber zu beobachtende Kündigungsfrist von 3 Monaten hatte sich als schwer durchführbar erwiesen und war auch nicht geeignet, einen heilsamen Druck in disziplinarer Hinsicht auf die Arbeiter auszuüben. Als sich daher die ungünstige Wirtschaftslage im Jahre 1877 fast bis zu einer Krisis steigerte, wurde die oben erwähnte vierzehntägige Kündigung für alle Arbeiterklassen wieder eingeführt. Daneben mußte eine Übereinstimmung zwischen A. O. und Knappschaftsstatut erzielt werden, indem die bisherige A. O. bei Entlassungen von Arbeitern infolge Absatzstockungen eine Klasse von unfreiwillig, auf unbestimmte Zeit beurlaubten Arbeitern kannte, an deren Verhältnis zur Knappschaft durch die unfreiwillige Beurlaubung bezw. Entlassung nichts geändert werden sollte, falls die statutenmäßigen Beiträge fortgezahlt wurden. Das Knappschaftsstatut vom 26. Juli 1872 kannte dagegen diese Arbeiterklasse nicht, sondern unterschied nur „auf bestimmte Zeit beurlaubte Genossen", deren Ansprüche an den Verein für die Dauer der Beurlaubung ruhten unter Nichtanrechnung der letzteren auf ihre Zugehörigkeit zum Verein, und ohne Urlaub ausgeschiedene Mitglieder mit beschränkten Rechten. Als nun zahlreiche Bergleute beurlaubt und der Königlichen Eisenbahndirektion Saarbrücken zur Beschäftigung überwiesen werden mußten, erhoben diese der Bergverwaltung gegenüber den Anspruch, auf grund der A. O. in ihren vollen Rechten gegenüber der Knappschaft auch für die Zeit ihrer unfreiwilligen Beurlaubung und unter Anrechnung derselben auf ihre Dienstzeit erhalten zu werden, wohingegen der Knappschaftsvorstand sich weigerte, diese Ansprüche anzuerkennen. Aus Anlaß dieser Streitfälle wurde der Art. XV der alten A. O. überhaupt aufgehoben, die Regelung der knappschaftlichen Ansprüche dem Statut allein überlassen und lediglich im § 25 der neuen A. O. die Bestimmung aufgenommen, wonach der Bergwerksdirektion das Recht zustand, in Zeiten von Absatzstockungen einen Teil der Belegschaft auf bestimmte Zeit zu beurlauben, wohingegen die Arbeiter das Recht hatten, in solchen Fällen ihre sofortige Abkehr zu verlangen. Damit war auch die Verpflichtung für die Bergverwaltung in Wegfall gekommen, in Fällen der unfreiwilligen Beurlaubung vorerst sämtliche unständige und dann erst die ständigen Arbeiter zu entlassen. Diese seit Anfang des Jahrhunderts bestehende Verpflichtung führte bei den umfangreichen unfreiwilligen Beurlaubungen der siebziger Jahre dahin, daß fast sämtliche jüngeren Arbeiter einer Grube, namentlich die Schlepper entlassen werden mußten, sodaß die Hauer genötigt waren, Schlepperdienste zu tun, was natürlich große Unzuträglichkeiten zur Folge hatte.

Was endlich die Schichtdauer anbelangt, so war in der Arbeitsordnung vom 15. September 1866 die acht- und zwölfstündige Schicht vorgesehen. Das Verlesen für beide Schichtarten begann morgens um 6 Uhr für die Frühschicht, um 6 Uhr abends für die Nachtschicht. Es war nun dem einzelnen überlassen, ob er 8, 10 oder 12 Stunden arbeiten wollte. Die Seilfahrt begann jedoch erst nach 10 Stunden vom Beginn der Arbeitszeit ab gerechnet, sodaß eigentlich die zehnstündige Schicht die Regel war. Wollte ein Bergmann, wozu er bei Aus- und Vorrichtungsarbeiten berechtigt war, bereits nach 8 Stunden ausfahren, so mußte er die Fahrten oder Tagesstrecken benutzen. Vielfach arbeiteten jedoch die Bergleute zur Erhöhung ihres Verdienstes, wenn auch mit wiederholten Unterbrechungen, bis zu 12 Stunden. Als nun durch Erlaß der A. O. vom 6. August 1877 die Festsetzung des Beginnes und der Dauer der Schichtzeit dem Ermessen der einzelnen Berginspektionen anheim gestellt wurde, führte dies anscheinend zu gewissen Willkürlichkeiten, indem einzelne Berginspektionen — z. B. Kronprinz — in Zeiten großen Absatzmangels im Sommer die Schichtdauer auf 9 Stunden, mit Beginn der Seilfahrt um 6 Uhr morgens und 3 Uhr nachmittags, festsetzten und bei gesteigerter Absatzmöglichkeit im Winter die bisherige Schichtdauer wieder einführten. Es war dies also ein Verfahren, das sich mit der in Westfalen üblichen Einrichtung der Überschichten im Grunde genommen deckte. Erst durch die Arbeitsordnung vom 3. Dezember 1892 ist in diesem Verfahren endgiltig Wandel geschaffen worden.

Die übrigen bei Erlaß der A. O. vom 6. August 1877 ergangenen Bestimmungen waren mehr redaktioneller Art oder hatten den Zweck, die seitherigen Vorschriften mit den inzwischen erlassenen anderweitigen Instruktionen z. B. bei den Lohnverhältnissen in bessere Übereinstimmung zu bringen. Eine Bestimmung über die Arrestanlage auf den Lohn der Arbeiter wurde durch Erlaß des Lohnbeschlagnahmegesetzes hinfällig. Dagegen traf die neue A. O. bindende Vorschriften hinsichtlich der Verpflichtung zum Besuche der von der Bergverwaltung errichteten Werks- und Industrieschulen, um diesen mit großen Opfern ins Leben gerufenen und unterhaltenen Anstalten auch tatsächlich den Besuch seitens der Arbeiter und ihrer Angehörigen zu sichern. Endlich fand eine Umarbeitung des Disziplinarstrafreglements statt, welches sich noch an die ältere Organisation und die damit zusammenhängenden Ressort- und Kompetenzverhältnisse anschloß. Die Strafbestimmungen wurden sämtlich, namentlich auch in Beziehung auf das Strafmaß, welches zu den damaligen Lohnverhältnissen außer allem Verhältnis stand, einer Durchsicht unterzogen und als besonderer Abschnitt in die Arbeitsordnung aufgenommen. Die Strafgewalt der Berginspektion wurde hinsichtlich des Höchstmaßes der Geldstrafen anderweitig geregelt und hinsichtlich der einstweiligen Ablegung von 6 Wochen auf 3 Monate erhöht.

2. Lohnverhältnisse 1862 bis 1888.

Die Neuorganisation des Jahres 1861 blieb auf das Lohnwesen der Saarbrücker Staatsgruben ebenfalls nicht ohne Einfluß, weil die Königliche Bergwerksdirektion nunmehr in der Lage war, in den auf die Förderung des Betriebs und Haushalts bezüglichen Angelegenheiten selbständig die erforderlichen Anordnungen zu treffen. Hierzu gehörte unter anderm auch die Feststellung und Verrechnung der Normalschichtlöhne, die vorher durch den Handelsminister bezw. das Oberbergamt festgesetzt worden waren.

Lohnfeststellung.

Die von der Bergwerksdirektion befolgte Lohnpolitik schloß sich eng an die jeweiligen Absatzverhältnisse an und wurde auf das einschneidendste von ihnen beeinflußt. Die Feststellung der Löhne geschah in allen Fällen, wo es nur irgend wie möglich war, im Wege der Abschließung von Gedingen, namentlich von Hauptgedingen, die daher von Jahr zu Jahr eine steigende Bedeutung erhielten. Der Einfluß der Normalschichtlohnsätze bei der Festsetzung von Gedingen trat daher erheblich zurück und kam nur noch in den reinen Schichtlöhnen zum Ausdruck, die bereits seit dem Jahre 1858 für die in 8 Klassen eingeteilten Arbeiter durch den Schlüssel zum Ökonomieplan fest bestimmt waren. Zu diesen 8 Klassen traten im Laufe der nächsten Jahre noch weitere 4, ohne daß es jedoch möglich war, die durch die veränderten Betriebsverhältnisse im Anfang der sechziger Jahre geschaffenen verschiedenen Arbeitergattungen in der ziemlich einfachen Tabelle unterzubringen. Im Jahre 1865 wurde daher eine neue Lohntabelle eingeführt, die an Stelle der 12 Arbeiterklassen 5 Lohnstufen umfaßte und der Verwaltung neben erheblichen Lohnerhöhungen einen weit größeren Spielraum als bisher in der Bewilligung der Lohnsätze an Arbeiter derselben Klasse nach Alter, Dienstzeit, Leistungen oder sonstigen Gesichtspunkten gab. Die Lohntabelle blieb bis zum Jahre 1870 ziemlich unverändert und erfuhr erst im Jahre 1871 eine zeitgemäße Erweiterung, nachdem im Jahre vorher der Versuch gemacht worden war, die Normaltabelle im Ökonomieplane überhaupt auszuschalten. Man hatte jedoch davon Abstand genommen, da es bedenklich war, auf jede gemeinsame Norm in der Höhe des Lohnes für dieselbe Leistung und dieselbe Arbeiterklasse innerhalb des ganzen Bezirks zu verzichten. Die im Jahre 1871 neu festgesetzte Schichtlohntabelle scheint ohne wesentliche Veränderungen bis zum Jahre 1889 beibehalten zu sein, da erst zu diesem Zeitpunkte die Schichtlohnsätze neu festgestellt und kurz hintereinander her erhöht worden sind. In der Berechnung der Löhne hatte sich in dem Zeitabschnitt nach 1861 wenig geändert. Von Einfluß waren die neue Münzordnung, die am 1. Januar 1875 zur Einführung gelangte und die neue Maß- und Gewichtsordnung, der zufolge vom 1. April 1882 ab auf den königlichen Gruben die Gedinge bei der Gewinnung und Förderung auf Tonnen gestellt wurden. Auch wurde fortan bei Versteigerungen der Kohlengedinge unter Zugrundelegung der ganzen oder halben Tonne abgeboten und zwar in Abständen von 5, 2 oder 1 Pf. Die neue Münzordnung und das ihr zugrundeliegende Dezimalsystem machte die Aufstellung einer Tabelle für die reduzierten Hauerlöhne notwendig. An Stelle der früheren Verhältniszahlen 16 : 12 : 11 : 10 : 9 zwischen Hauer- und Schlepperschichten wurden der neuen Tabelle die Zahlen 10 : 8 : 7 : 6 : 5 zugrunde gelegt, eine Änderung, die mit einer geringfügigen Erhöhung der Schlepperanteile 1. und 2. Klasse gleichbedeutend war. Dieses Anteilsverhältnis ist auch bis heute, abgesehen von dem Wegfall der 4. Schlepperklasse, beibehalten worden. Mit Rücksicht auf die damaligen umfangreichen zeitweisen Beurlaubungen wurde jedoch bestimmt, daß den Schleppern nicht nach vier-, sondern erst nach sechsjähriger Vorbereitungszeit der volle Hauerlohn berechnet werden sollte.

Lohnhöhe.

Die Höhe der Löhne auf den königlichen Gruben des Saarreviers seit dem Jahre 1861 ist aus der Tabelle B zu entnehmen. Diese Tabelle ist aufgrund der Übersichten aufgestellt, die seit 1861 den jährlichen Verwaltungsberichten der Bergwerksdirektion beigefügt sind.

Wie aus Spalte 8 der Tabelle hervorgeht, waren die Durchschnittslöhne der Arbeiter, auf die Schicht berechnet, während der sechziger Jahre recht niedrig und fanden infolge der Nachwirkungen der im Jahre 1859 ausgebrochenen Krisis in der Eisenindustrie mit 2,11 M. im Jahre 1862 ihren tiefsten Stand. Das Jahresarbeitsverdienst, das in erster Linie für die Beurteilung der Lohnverhältnisse einer Arbeiterklasse in Frage kommt, hat während des ersten in Rede stehenden Jahrzehnts nur einmal im Jahre 1869 die Summe von 700 M. überschritten. In den anderen Jahren war infolge der häufig auftretenden Feierschichten das Gesamteinkommen der eigentlichen Grubenarbeiter ein wesentlich geringeres. Im Jahre 1863 mußten bei einem durchschnittlichen Verdienste von 2,13 M. in der Schicht und bei 299 Arbeitstagen rund 46,6 Feierschichten auf den Kopf der Belegschaft eingelegt werden. Daß ein derartiger Ausfall für den Haushalt jedes Arbeiters äußerst nachteilig wirken mußte, bedarf keiner weiteren Ausführungen. Eine Erholung von diesem Tiefstand trat infolge der politisch unruhigen Zeiten der sechziger Jahre und der dadurch bedingten Unsicherheit in der wirtschaftlichen Lage erst ganz allmählich ein und kam erst zur vollen Geltung, als nach der glücklichen Beendigung des deutsch-französischen Krieges die Industrie und damit der Steinkohlenbergbau an der Saar einen nie zuvor gekannten Aufschwung nahm, dem leider aber auch ein ebenso starker Rückschlag folgte. Die Aufwärtsbewegung der siebziger Jahre erreichte mit dem Jahre 1874 ihren Höhepunkt. Der Jahresarbeitsverdienst stieg auf 963 M., der durchschnittliche Verdienst in der Schicht auf 3,58 M. Trotzdem war der in den folgenden Jahren eintretende Rückschlag, was die Höhe der Löhne anbetrifft, nicht so erheblich, als man nach dem Fallen der Kohlenpreise, die einen nie zuvor gekannten Tiefstand erreichten, hätte annehmen sollen. Es geht dies deutlich aus der graphischen Aufzeichnung auf Tafel 2 hervor und ist wieder ein Beweis dafür, daß die Lohnhöhe nach einer wirtschaftlichen Aufwärtsbewegung mit dem Sinken der Preise nie denjenigen Stand erreicht, den sie vor Einsetzen der Aufwärtsbewegung gehabt hat. Die Löhne zeigen stets eine nach oben gerichtete Tendenz. Diese Beobachtung kann man bei den wirtschaftlichen Hochfluten der fünfziger, siebziger und neunziger Jahre machen, bei denen das Wellental der Lohnkurve nach der Aufwärtsbewegung nie so tief einsinkt als vor derselben.

Dieses an sich erfreuliche Ergebnis konnte allerdings in den siebziger und achtziger Jahren nur dadurch erreicht werden, daß, um nur einigermaßen erträgliche Arbeitslöhne aufrecht zu erhalten, zahlreiche Arbeiter auf längere Zeit beurlaubt oder auch entlassen werden mußten. Die Folge davon war ein Rückgang der Belegschaft von 1876 bis 1879 um 1900 Mann. Die Zahl der im Jahre auf den Kopf der Belegschaft verfahrenen Schichten sank von 277,8 im Jahre 1872 auf 257,4 im Jahre 1878. Da außerdem keine neuen Schlepper angenommen werden konnten, wurden viele Bergmannsfamilien, die ihre Kinder auf den Gruben anbringen wollten, von der damaligen schlechten Geschäftslage mehr oder weniger hart betroffen. Die beurlaubten Mannschaften fanden teilweise Beschäftigung in der Landwirtschaft, teils wurden sie bei den von der Königlichen Eisenbahndirektion Saarbrücken in Angriff genommenen Bahnbauten beschäftigt.

Die in der Schicht verdienten Löhne während der achtziger Jahre zeichnen sich durch eine große Stetigkeit aus. Sie standen im Jahre 1880 auf über 3 M. und sind von Jahr zu Jahr, von einigen Schwankungen abgesehen, stetig und pfennigweise gestiegen. Die Steigerung ist jedoch keineswegs auf eine Erhöhung der Gedingelöhne, als vielmehr auf eine Steigerung der Arbeitsleistung zurückzuführen. (s. Tabelle B, Spalte 9 und Tafel 2). Die Löhne waren damals im allgemeinen um 10 bis 20 Pf. höher als in dem niederrheinisch-westfälischen Bezirk, entsprechend dem Unterschiede in der Höhe der Lebensmittelpreise.

Die Zahl der verfahrenen Arbeitsschichten erreichte infolge der vielfachen Absatzstockungen bei weitem nicht die Anzahl der wirklichen Arbeitstage, hinter der sie um rd. 28 Schichten im Jahre, auf das Jahrzehnt 1880—1889 berechnet, zurückblieb. Zeitweise Beurlaubungen der Belegschaft kamen regelmäßig, wenn auch nicht mehr in dem Umfange vor wie früher, namentlich im Frühjahr und Herbst bei Ausstellung der Saat und nach Beginn der Ernte und zwar besonders auf den Gruben mit ländlicher Umgebung am Rande des Bezirks.

3. Die Arbeiterbewegung der Jahre 1889 bis 1893.

a) Der Arbeiterausstand im Mai 1889.

Die friedliche Entwickelung, welche die Gruben des Saarbezirks unter preußischer Verwaltung bis zum Ausgang der 1880iger Jahre genommen hatten, wurde zum ersten Male im Jahre 1889 durch die damals die deutschen Bergreviere erschütternde Arbeiterbewegung in heftigster Weise unterbrochen und für lange Zeit unterbunden. Die Arbeiterbewegung des Saarreviers begann damit, daß am Nachmittage des 15. Mai auf dem Bildstock bei Friedrichsthal unter freiem Himmel vor dem Hause des Wirtes Kron eine der Ortspolizei angemeldete und von etwa 3000 Bergleuten der benachbarten Gruben Friedrichsthal, Sulzbach, Altenwald, Heinitz u. a. besuchte Versammlung stattfand, die bestimmte Forderungen aufstellte und diese der Bergverwaltung in Form eines Protokolls am 17. desselben Monats zustellte. Unter den gestellten Anträgen waren die Forderung einer 8-stündigen Schicht, einschließlich Ein- und Ausfahrt, sowie eines Mindestlohnes für erwachsene und jugendliche Arbeiter die wichtigsten. Außerdem wurden Forderungen über das Offenhalten der Türen an den zur Ein- und Ausfahrt bestimmten Öffnungen der Tagesstrecken, über das Streichen der zu gering oder mit unreinen Kohlen beladenen Förderwagen, über die Annahme der Bergmannskinder auf den Gruben, über die Festsetzung von Strafen, über die Anfahrtszeiten an Tagen vor und nach Feiertagen, über die zulässige Höhe der Abzüge erhoben und für den Fall der Nichtbewilligung innerhalb einer Frist von 8 Tagen die Niederlegung der Arbeit angedroht. Auch wurde die Wiedereinsetzung der bis dahin abgelegten Bergleute „in ihre früheren Rechte" gefordert.

Die Königliche Bergwerksdirektion beantwortete diese Forderungen der Bergarbeiter in einer Veröffentlichung vom 17. Mai und einem ergänzenden Bescheid vom 21. Mai in entgegenkommender Weise und gab über zahlreiche Beschwerdepunkte wie über die Schichtdauer, für die eine Länge von 10 Stunden festgesetzt wurde und bei der der Versuch einer weitern Verkürzung in Aussicht gestellt wurde, über das Offenhalten der Türen an den Tagesstrecken während der Schicht, die Höhe der Gedingesätze bei den Hauptgedingen (deren Aufbesserung nach näherer Prüfung ebenfalls in Aussicht gestellt wurde), die Lohnabzüge für die Kreissparkassen und andere in dem Protokoll berührten Gegenstände bindende Erklärungen ab. Auch wurde den Bergleuten in Aussicht gestellt, über einzelne Beschwerdepunkte wie z. B. über Schichtzeit an Samstagen und Montagen besonders mit ihnen zu verhandeln. Die 8-stündige Arbeitsschicht einschließlich Ein- und Ausfahrt, sowie ein Mindestlohn für die einzelnen Arbeiterklassen wurden abgelehnt.

Inzwischen waren Beauftragte des Ministers eingetroffen, die an dem unter dem 21. Mai ergangenen Bescheid bereits mitgewirkt hatten. Unter dem Vorsitz des Ministerialdirektors Dr. Huyssen trat am 25. Mai eine Kommission zusammen, die sich für den Erlaß eines Nachtrags zur Arbeitsordnung entschied, in welchem in 12 Artikeln die im obigen Bescheid den Bergleuten gemachten Zusagen fast wörtlich Aufnahme fanden. In Artikel I wurde die Arbeitsschicht einschließlich der Ein- und Ausfahrt auf 10 Stunden festgesetzt. Nach Artikel V sollte bei der Versteigerung der Gedingearbeiten von Normalgedingen ausgegangen und zu niedrig befundene Gedinge von den Berginspektionen nicht genehmigt werden. Die höchste Geldstrafe wurde auf 6 M. herabgesetzt. Die übrigen Artikel bezogen sich auf folgende Punkte: Anlegung von Bergmannssöhnen, Erteilung von Urlaub, Abschaffung der 3. Schlepperklasse, Reduzierung der Schichten bei der Gedingelohnauseinandersetzung bis zum 6. Dienstjahr, Verlesen vor und nach der Schicht, Öffnen der Türen an den Tagesstrecken u. a. m. Übrigens war bereits damals der Kommission der Entwurf einer neuen Arbeitsordnung unterbreitet worden. Sie nahm jedoch von einer Beratung derselben Abstand in der Erwägung, daß eine spätere gänzliche Umarbeitung der Arbeitsordnung in Aussicht zu nehmen sei. Der Nachtrag zur Arbeitsordnung wurde am 27. Mai an alle zum Verlesen erschienenen Bergleute verteilt.

Aber das Entgegenkommen der Bergverwaltung vermochte den einmal ins Rollen gekommenen Stein nicht aufzuhalten. Am 22. Mai beschloß eine auf den Bildstock einberufene Bergarbeiterversammlung, an der angeblich 15 000 Mann teilnahmen, auf den östlichen Gruben bis zur Erfüllung ihrer Forderungen in den Ausstand zu treten, infolgedessen am 27. Mai die Belegschaften der Gruben Sulzbach, Altenwald, Reden, Itzenplitz, Friedrichsthal und Maybach die Arbeit bis zum 1. Juni niederlegten. Es folgten am 25. Mai die Gruben Heinitz und Dechen bis einschließlich zum 31. bezw. 29. Mai, am 27. bis 29. Mai die Grube Von der Heydt und am 27. und 28. Mai die Gruben König und Kohlwald, auf denen jedoch nur ein geringer Teil der Belegschaft ausständig wurde. — Im gesamten Direktionsbezirk haben während dieser Zeit:

	gearbeitet	gestreikt	bei einer Förderung von
am 25. Mai 1889	14 295 Mann,	11 376 Mann,	9 336 t
„ 27. „ „	14 315 „	11 356 „	9 142 t
„ 28. „ „	13 881 „	11 790 „	9 005 t
„ 29. „ „	14 229 „	11 442 „	10 017 t
„ 31. „ „	18 609 „	7 062 „	12 950 t
„ 1. Juni „	20 387 „	5 284 „	10 940 t.

So sehr man es begreiflich finden mag, daß die Arbeiterbewegung des Jahres 1889 auch auf die Saarbrücker Gruben übersprang, so sehr muß die Art der Arbeitsniederlegung überraschen, in der diese Bewegung hier zum Ausdruck kam. Sie ist um so auffallender, als Beschwerden über zu niedrige Löhne, über die Gedingefeststellung oder über zu lange Schichtdauer in den vorhergehenden Jahren in nennenswertem Umfange niemals erhoben worden waren. Nur so kann man es erklärlich finden, daß selbst die Werksdirektoren noch tagelang nach Androhung des Streikes auf der ersten Bildstocker Versammlung vom 15. Mai es für ausgeschlossen hielten, daß es zu einer Arbeitseinstellung kommen würde.

Wenn man jedoch bedenkt, daß seit den Zeiten des Kulturkampfes ein Teil der im Saarbezirk vertretenen Presse eine gegnerische Haltung der staatlichen Bergverwaltung gegenüber eingenommen und deren Maßnahmen planmäßig einer abfälligen Kritik unterzogen hatte, und daß mit Aufhebung des Sozialistengesetzes der von Westfalen aus betriebenen sozialdemokratischen Agitation freier Spielraum gelassen wurde, kann es nicht wundernehmen, daß die von außen herangetragene Bewegung auf einen fruchtbaren Boden fiel. Hierzu kam noch, daß die sichtbaren Erfolge der westfälischen Streiks, der anfangs die Unterstützung fast der gesamten bürgerlichen Presse fand, den Bergmann an der Saar mit überspannten Hoffnungen erfüllen mußte und daß die Erwartungen in den Zugeständnissen der Veröffentlichungen vom 17. und 21. Mai eine weitere Stütze fanden. Endlich soll aber auch nicht verschwiegen werden, daß sich unter dem Einfluß eines jahrelang anhaltenden wirtschaftlichen Tiefstandes auf den Steinkohlenbergwerken der Saar gewisse Übelstände herausgebildet hatten, deren Abstellung als notwendig anerkannt wurde. Hierzu gehörte in erster Linie die zu lange Schichtdauer bei der Arbeit unter Tage, die nach der Arbeitsordnung vom 6. August 1877 in das Belieben der Berginspektionen gestellt war und auf einzelnen Gruben bis zu 11 oder 12 Stunden je nach den Werksverhältnissen ausgedehnt wurde. Nach den jeweiligen Bestimmungen der Berginspektionen wurde die Seilfahrt für die Ausfahrt verschoben und die an den Tagesstrecken angebrachten Gittertüren dementsprechend gegen den Willen der Belegschaft verschlossen gehalten. Auch gaben die Gedingefeststellungen bei den Hauptgedingen, allerdings lediglich infolge des Verhaltens der Mannschaften selbst, häufig zur Unzufriedenheit Anlaß. Der Grund lag darin, daß einzelne einander mißgünstige Bergleute bei den Versteigerungen der Hauptgedinge sich soweit abboten, daß die Arbeiten zu sehr niedrigen Sätzen vergeben wurden, und es den davon betroffenen Kameradschaften nur unter erheblicher Anstrengung möglich war, einen einigermaßen auskömmlichen Lohn zu verdienen. Einen weiteren wesentlichen Beschwerdepunkt bildete das Nullen der unrein gefüllten oder zu leicht befundenen Kohlenwagen, für das es an einer fest begrenzten Norm fehlte. Endlich war das Verhältnis zwischen den Werksbeamten und Arbeitern, wie durch die Untersuchung zweier durch den Minister eingesetzter Kommissionen später festgestellt wurde, nicht immer einwandfrei gewesen. Es wurde nachgewiesen, daß in einzelnen Fällen Werksbeamte, die damals lediglich als mittelbare Staatsbeamte mit dreimonatlicher Kündigung und verhältnismäßig geringem Diensteinkommen angestellt waren, Geldgeschenke von Bergleuten angenommen oder letztere zu ihrem eignen Vorteil beschäftigt und dafür auf Kosten des Fiskus schadlos gehalten hatten. Als diese Schäden aufgedeckt und durch eine gewissenlose Agitation aufgebauscht und in die Öffentlichkeit getragen wurden, mußten sie naturgemäß zu einer großen Erbitterung zwischen Beamten und Arbeitern führen, die unzweifelhaft einen wesentlichen Einfluß auf den Verlauf der gesamten Arbeiterbewegung gehabt hat. Indes hätten sich die genannten Mißstände angesichts der 1889 einsetzenden Aufwärtsbewegung in der allgemeinen wirtschaftlichen Lage und der entgegenkommenden Haltung der staatlichen Bergverwaltung auf leichte Weise abstellen lassen, ohne daß es einer Arbeitsniederlegung mit all ihren das Verhältnis zwischen Arbeitgeber und Arbeitern zerstörenden Folgen bedurft hätte.

Nach Ausbruch des Streiks war das Augenmerk der Bergverwaltung naturgemäß in erster Linie darauf gerichtet, für Ruhe und Ordnung auf den Gruben zu sorgen und den Ausstand nach Möglichkeit auf die davon betroffenen Gruben zu beschränken. Zu diesem Zwecke wurden mit Hilfe der Landespolizeibehörde die Sicherheitsorgane im Revier verstärkt und die auswärtigen in den Schlafhäusern untergebrachten, in den Ausstand getretenen Mannschaften schleunigst abgeschoben. Die Führer der Ausstandsbewegung hielten jedoch an ihren Forderungen hartnäckig fest und suchten denselben durch Absendung einer aus drei Personen bestehenden Abordnung an Se. Majestät den Kaiser nach dem Vorbilde der westfälischen Bergleute besonderen Nachdruck zu verleihen. Se. Majestät der Kaiser lehnte indessen den Empfang der Abordnung unter Hinweis auf Seine den ausständigen westfälischen Bergleuten mitgeteilte Auffassung über die Streikangelegenheiten ab und ließ anheimgeben, ihre

Beschwerden den vorgesetzten und zuständigen Behörden vorzutragen. Zur Prüfung der an Allerhöchster Stelle vorgebrachten Klagen über angebliche „Unterdrückung und schweren Notstand“ der bergmännischen Bevölkerung des Saarreviers wurde von dem Minister der öffentlichen Arbeiten unter dem 31. Mai eine Kommission eingesetzt.

Da der Nichtempfang der Kaiser-Deputation für die Führer des Streikes unzweifelhaft einen starken Mißerfolg bedeutete, so zeigte sich trotz der heftigen Gegenvorstellungen des Streikkomitees der größte Teil der Belegschaft geneigt, wieder anzufahren, und nahm auch fast vollzählig am 1. Juni die Arbeit wieder auf. Am 2. Juni richtete die Königliche Bergwerksdirektion ein Ultimatum an die wenigen noch im Ausstand befindlichen Bergleute der Berginspektionen V, VI und IX des Inhalts, daß diejenigen Arbeiter, die bis zum 6. Juni ohne genügenden Grund zur Grubenarbeit nicht wieder zurückgekehrt wären, zur Arbeit an den königlichen Gruben nicht wieder angenommen würden. Am 4. Juni konnte die auf verschiedene Gruben verteilte militärische Besatzung zurückgezogen und die noch nötige Aufsicht der verstärkten Gendarmerie überlassen werden.

Obgleich äußerlich die Ruhe wieder hergestellt war, blieb der durch die Arbeitsniederlegung hervorgerufene unbotmäßige Geist unter der Belegschaft wach. Die Führer der Arbeiterbewegung hatten das größte Interesse daran, die einmal entfesselten Leidenschaften nicht zur Ruhe kommen zu lassen, und suchten die Arbeiter durch Abhalten zahlreicher Versammlungen, sowie durch persönliches Werben von Anhängern namentlich in den Schlafhäusern, in steter Aufregung zu erhalten. Im Mittelpunkte der Agitation standen die „noch nicht bewilligten Forderungen“, besonders die 8-stündige Schicht und die höheren Lohnsätze, deren Bewilligung zu damaliger Zeit unmöglich war.

Während die Agitation des noch in Tätigkeit befindlichen Streikkomitees von Tag zu Tag an Schärfe zunahm, und es nach zuverlässigen Beobachtungen nicht zweifelhaft sein konnte, daß ein zweiter Ausstand geplant sei, nahm die Bergverwaltung der Belegschaft gegenüber eine sehr versöhnliche Haltung ein und ging nur gegen diejenigen Rädelsführer im Wege der Kündigung vor, die sich durch Unbotmäßigkeit hervorgetan hatten. Dieses milde Vorgehen der Bergverwaltung hinderte einen Teil der Belegschaft der Grubenabteilung Dechen jedoch nicht an dem Versuche, durch eine teilweise Arbeitsniederlegung am 8. Juni die Kündigung zweier Streikführer rückgängig zu machen; der Versuch blieb aber ohne Erfolg.

Die unter der Belegschaft in ungeschwächter Form fortdauernde Agitation kam besonders in einer am 9. Juli auf dem Bildstock abgehaltenen, von mehreren tausend Bergleuten besuchten Versammlung zum Ausdruck, deren Beschlüsse in einem neuen Protokoll in verschärfter Form niedergelegt wurden. Das wichtigste Ergebnis der damaligen Agitation war jedoch die mit ultramontaner Hilfe erfolgte Gründung des sog. „Rechtsschutzvereins", der die Organisation für die unzufriedenen Bergleute abgab und für lange der Träger der Ausstandsbewegung war.

b) Rechtsschutzverein.

Bereits nach dem Ausbruch des ersten Streiks im Frühjahr 1889 trugen sich die damaligen Führer des Ausstandes mit dem Gedanken, einen festen Verband der Saarbergleute zu gründen, der fortan die gesamte Leitung der auf die Verbesserung der Lage der Bergleute des Saarreviers abzielenden Bestrebungen in die Hand nehmen sollte. Infolge einer stillen, aber umfassenden und erfolgreichen Agitation unter den einzelnen Belegschaften wurde dieser Plan soweit gefördert, daß im Juni desselben Jahres die neue Organisation bereits mit 6000 Mitgliedern ins Leben treten konnte. Als Vorbild diente offenbar der westfälische im Jahre 1886 durch den Schriftleiter der Westfälischen Volkszeitung in Bochum gegründete Verein gleichen Namens, dessen Statuten mit denen des neu gegründeten Vereins fast wörtlich übereinstimmten. Nach den Statuten war der Zweck des Vereins eigentlich ein rein privatrechtlicher, indem er gemäß § 2 die Rechte seiner Mitglieder und zwar im Prozeßwege gegenüber der Knappschaftskasse, den Berginspektionen und der Knappschaftsberufsgenossenschaft wahrzunehmen bestimmt war. Wie sich jedoch in kurzer Zeit aus dem Verhalten seiner Mitglieder und der Tätigkeit des Vorstandes ergab, verfolgte der Verein viel weiter gehende und ganz andere Zwecke, als in dem Statut angegeben. Der Verein bildete vielmehr das Gerippe für eine politische Organisation, die sich als gleichberechtigt zwischen Bergverwaltung und Arbeiter zu stellen beabsichtigte. Am 27. Juli traten die Vertrauensleute der einzelnen Lokalabteilungen, in die der ganze Bezirk bereits eingeteilt war, in einer Versammlung auf dem Bildstock zusammen, nahmen das Statut endgültig an und wählten einen aus einem Vorsitzenden, dessen Stellvertreter, dem Rechnungsführer und 5 Beisitzern bestehenden Vorstand zur ordnungsmäßigen Führung der Vereinsangelegenheiten. Neben dem Vorstand war noch ein aus sämtlichen Vertrauensmännern des ganzen Bezirks bestehender Ausschuß vorgesehen, der jährlich einmal zur Entgegennahme des Rechenschaftsberichts berufen werden sollte. Als Jahresbeitrag für jedes, einem Knappschaftsverein des Oberbergamtsbezirks Bonn angehörendes Mitglied wurden anfangs 50 Pf. erhoben, und dieser Beitrag später auf 1,50 M. erhöht. Da der Rechtsschutzverein, wie sich bald herausstellte, eine Einwirkung auf öffentliche Angelegenheiten bezweckte, so wurde er als ein politischer Verein angesehen und mußte dementsprechend den Ortspolizeibehörden die Mitgliederverzeichnisse einreichen und die Versammlungen vorher anmelden. Die Königliche Bergverwaltung in Saarbrücken war keinen Augenblick darüber in Zweifel, daß die Gründung des Rechtsschutzvereins für die Ruhe und den Frieden unter ihrer Belegschaft sehr bedrohlich war, und daß, während sie selbst bemüht war, eine möglichst enge Fühlung der Arbeiter mit den Werksverwaltungen und deren Beamten herzustellen und die hierzu tauglichen Mittel u. a. durch Schaffung der Vertrauensmänner ausfindig zu machen, dieselben Arbeiter durch den neu gegründeten Verein in entgegengesetzter Richtung von dem Arbeitgeber abgedrängt wurden. Das Oberbergamt Bonn, welches diese Bedenken teilte, war namentlich der Ansicht, daß auf den königlichen Gruben für einen derartigen Verein, der angeblich die Arbeiter in ihren Rechten „gegenüber der Knappschaftskasse und den Inspektionen" schützen solle, kein Platz sei. Der auf den königlichen Werken beschäftigte Arbeiter besitze, ganz abgesehen von dem Rechtswege, durch den bis zu den höchsten Behörden hinaufreichenden Instanzenzug einen derartigen besonderen Schutz, daß, wenn nicht alle Autorität und Disziplin untergraben werden solle, bei dem Arbeiter nicht die Meinung aufkommen dürfe, daß er einem solchen Verein angehören müsse, um ausreichenden Schutz seiner wohlerworbenen Rechte „zu finden".

Trotz dieser schwer wiegenden Bedenken, die noch dadurch gesteigert wurden, daß die nach westfälischem Vorbild von gewerbsmäßigen Agitatoren gegründete Vereinsverfassung die Wiederholung von Ausständen wesentlich fördern und erleichtern mußte, nahm die Bergverwaltung eine abwartende Stellung ein und vermied es sorgfältig, zwischen Mitgliedern und Nichtmitgliedern des Vereins einen Unterschied zu machen.

Das Selbstbewußtsein der Arbeiter wurde naturgemäß durch die Gründung des Rechtsschutzvereins wesentlich gehoben, was bald in einer am 22. September im Tivoli in St. Johann abgehaltenen Versammlung, in welcher auch der „Kaiserdeputierte" Schröder auftrat, und in zahlreichen anderen bald darauf folgenden Versammlungen zum Ausdruck kam. Die hier von den Vorstandsmitgliedern des Vereins unter dem Beifall der Zuhörer gehaltenen Reden waren von einem großen Selbstgefühl getragen und gipfelten in dem Bestreben, den Anschluß des Rechtsschutzvereins an die übrigen bergmännischen Organisationen herbeizuführen. Die Tivoli-Versammlung am 22. September wiederholte die früheren Forderungen in verschärfter Form, namentlich die eines Mindestlohnes bei den Gedingearbeiten von 4 M. und eines Schichtlohns von 3,50 M. bei den Tagesarbeitern ohne jede Berücksichtigung der Leistung. Zur Überreichung der gefaßten Beschlüsse wurden für jede Berginspektion 2 Delegierte bezeichnet, die den Auftrag erhielten, die Forderungen zur Kenntnis der Werksverwaltungen zu bringen und dies auch in mehr oder weniger herausfordernder Weise taten, trotzdem die Schichtdauer inzwischen auf 9 Stunden einschl. Ein- und Ausfahrt abgekürzt und die Löhne so weit erhöht waren, daß der obige

Satz von einem fleißigen Hauer erreicht wurde. In den Beschlüssen einer zu Guichenbach abgehaltenen Versammlung des Rechtsschutzvereins wurde sogar die Entfernung eines Obersteigers und zweier Steiger verlangt. Als Organ des Vereins diente zuerst das eigens zu diesem Zweck gegründete und in Neunkirchen erschienene Wochenblatt „Glück auf", später die Zeitschrift „Schlägel und Eisen". Daneben fanden die Bestrebungen des Vereins in den im Saarrevier erscheinenden Tagesblättern ultramontaner Richtung eifrige Unterstützung. Die durch die Vertrauensmänner im Hinblick auf die Tivolibeschlüsse einberufenen Versammlungen wollten im Herbst 1889 kein Ende nehmen. Überall erschien der Präsident des Vereins, der abgelegte Bergmann Warken und mit ihm der hauptsächlich aus abgelegten Bergleuten bestehende Vorstand. Begreiflicherweise hatten die „gemaßregelten" Bergleute ein Interesse daran, die Massen nicht zur Ruhe kommen zu lassen. Spielte doch neben den erwähnten Forderungen in allen Versammlungen eine Hauptrolle die Forderung der Wiederanlegung der „Gemaßregelten" und die Einsammlung von Beiträgen zur Unterstützung derselben.

c) Die Arbeitsniederlegung im Dezember 1889.

Unter diesen Umständen kann es nicht wunder nehmen, daß am 12. Dezember ein neuer teilweiser Streik auf den westlichen Gruben des Bezirks ausbrach. Die Belegschaft dieses Reviers hatte sich an der Arbeitsniederlegung im Mai 1889 nicht beteiligt und war demzufolge ganz besonders von den Führern bearbeitet worden unter dem Hinweis, daß die Löhne auf den östlichen Gruben infolge der Arbeitsniederlegung wesentlich bessere seien als auf den westlichen, und daß sie, um diese Vorteile zu erlangen, zu dem einzigen Mittel des Streiks greifen müßten. Den Mittelpunkt der Agitation bildete das Dorf Püttlingen.

Eine Versammlung sämtlicher Vertrauensmänner des Rechtsschutzvereins am 20. Oktober im Tivoli zu St. Johann bildete wohl den ersten Schritt zu der neuen Streikbewegung; dann folgte ein Gesuch des Vorstandes des Rechtsschutzvereins vom 19. November 1889 an die Bergwerksdirektion um Wiederanlegung der „gemaßregelten Bergarbeiter" und um Gewährung einer neuen Arbeitsordnung bis zum 1. Dezember 1889 unter dem Hinweis, daß sonst der Vorstand „den Stein, der ins Rollen geraten, nicht mehr halten könne".

Am 26. November 1889 hatte der Vorstand wieder eine neue Eingabe an Seine Majestät den Kaiser und König abgesandt und unter dem 2. Dezember 1889 eine öffentliche Erklärung an alle Bergleute und Bürger des Saarkohlenreviers erlassen und durch die Ortsblätter veröffentlicht, welche die alten Klagen über Löhne, Schichtzeit, Knappschaftswesen usw. in einer etwas weitläufigeren Form zum Ausdruck brachte.

Nach allen diesen Vorgängen nahmen ohne vorherige Ankündigung und ohne bestimmte Forderungen an die Bergwerksdirektion oder einzelne Berginspektionen die Arbeitseinstellungen auf Gerhard und Von der Heydt am 12. Dezember 1889 ihren Anfang.

Es stellten teilweise die Arbeit ein die Belegschaften der Gruben:

Kronprinz	vom 17. bis einschl. 20. Dezember,
Gerhard	„ 12. „ „ 21. „ ,
Von der Heydt . .	„ 12. „ „ 21. „ ,
Dudweiler	„ 16. „ „ 21. „ ,
Sulzbach	„ 17. „ „ 21. „ ,
Reden	„ 19. „ „ 21. „ ,
Friedrichsthal . . .	„ 17. „ „ 20. „ ,
Heinitz	am 21. Dezember.

Die Belegschaft der zuletzt genannten Grube wurde, da die Streikbewegung in Aufruhr ausartete, mit zweitägiger Betriebseinstellung bestraft.

Im gesamten Direktionsbezirk haben vom 12. bis 21. Dezember einschließlich beim unterirdischen Betriebe

	gearbeitet	gestreikt	bei einer Förderung von
am 12. Dezember 1889 . .	19 573 Mann	2028 Mann	18 981 t,
„ 13. „ „ . .	19 054 „	2547 „	18 620 t,
„ 14. „ „ . .	18 777 „	2824 „	16 964 t,
„ 16. „ „ . .	15 658 „	5943 „	13 784 t,
„ 17. „ „ . .	15 862 „	5739 „	14 410 t,
„ 18. „ „ . .	16 492 „	5109 „	14 710 t,
„ 19. „ „ . .	16 868 „	4733 „	13 820 t,
„ 20. „ „ . .	16 740 „	4861 „	13 783 t,
„ 21. „ „ . .	15 301 „	6300 „	10 570 t,
		gestraft bei Heinitz	
„ 23. „ „ . .	18 238 „	3363 Mann	13 451 t.

Die plötzliche Arbeitsniederlegung im Dezember hatte offenbar den Zweck, auf die damals schwebenden Gerichtsverhandlungen gegen Warken und Genossen, die vom 14. bis 19. Dezember dauerten und mit Verurteilung der Angeklagten wegen schwerer Beamtenbeleidigungen endeten, sowie auf die Entscheidung der an Seine Majestät gerichteten Eingabe vom 26. November einzuwirken. Die Königliche Bergwerksdirektion erklärte ihre Stellung zu dem Ausstand in Übereinstimmung mit sämtlichen Werksdirektoren dahin, daß

1. die Löhne eine ausreichende Höhe erreicht hätten und eine weitere allgemeine Erhöhung derselben nicht möglich sei und
2. die Schichtdauer gleichmäßig auf 8 Stunden ausschließlich der Ein- und Ausfahrt in einer bald zu veröffentlichenden Arbeitsordnung festgesetzt werden sollte.

Was die Wiederanlegung der „Gemaßregelten" anbetraf, so entschied der Kommissar des Ministers der öffentlichen Arbeiten unter dem 14. Dezember, daß sämtliche abgelegten Arbeiter wieder angelegt würden, soweit sie wegen unbotmäßigen Verhaltens während der Arbeiterbewegung im Wege der Entlassung oder Kündigung aus der Belegschaft entfernt wären, in Erwartung einer untadelhaften Führung und Meldung zur Arbeit binnen acht Tagen. Dieser Erlaß, der den Belegschaften bekannt gegeben wurde, konnte jedoch den Streik nicht aufhalten. Es kam vielmehr zu der oben angegebenen Arbeitseinstellung. Nachdem aber am 20. Dezember die Werksverwaltungen auf allen bis dahin vom Ausstand ergriffenen Gruben bekannt gegeben hatten, daß wer bis zum 23. Dezember morgens ohne genügende Entschuldigung nicht anfahre, als freiwillig ohne Kündigung ausgeschieden betrachtet werde und in einer Versammlung in der Schnappach am 21. Dezember die Losung zur allgemeinen Anfahrt und zum weiteren Abwarten bis zum 1. Februar 1890 gegeben worden war, fuhr die Belegschaft aller Gruben am 23. Dezember vollzählig an.

Nach Aufnahme der Arbeit schien eine etwas ruhigere Auffassung unter der Belegschaft Platz zu greifen, namentlich, nachdem der Präsident des Rechtsschutzvereins bei den Reichstagswahlen im Februar 1890, allerdings mit 6823 Stimmen, im Wahlkreise Saarbrücken dem Kandidaten der Kartellparteien unterlegen, die Haupträdelsführer zur Verbüßung der über sie verhängten Strafen gefänglich eingezogen und eine Masseneingabe um deren Begnadigung aussichtslos geworden war. Leider war die Hoffnung, daß diese Beruhigung eine dauernde würde, trügerisch, da die Agitation durch die auf grund der Bestimmungen des Oberbergamts zu Bonn vom 21. Februar 1890 gebildeten Arbeiterausschüsse neue, unerwartete Nahrung erhielt.

d) Arbeiterausschüsse.

Die Arbeiterausschüsse wurden auf Veranlassung des Ministers der öffentlichen Arbeiten auf den königlichen Gruben des Saarreviers im Februar 1890 ins Leben gerufen und entsprangen der auch Allerhöchst in den Februarerlassen des Jahres 1890 zum Ausdruck gekommenen wohlwollenden Erwägung, durch mündliche Aussprache eine möglichst unmittelbare Fühlung zwischen Arbeitern und Arbeitgebern herzustellen. Die Rechte und Pflichten der Mitglieder sind in besonderen von dem Königlichen Oberbergamt zu Bonn am 21. Februar 1890 erlassenen Bestimmungen näher begrenzt. Namentlich wird im § 7 die Aufgabe der Vertrauensmänner, wie folgt, festgesetzt:

§ 7.

Die Vertrauensmänner haben die Aufgabe

1. Anträge, Wünsche und etwaige Beschwerden, welche die Belegschaft der betreffenden Berginspektion oder Grube im ganzen angehen, bei dem Bergwerksdirektor anzubringen und sich in den Zusammenkünften mit letzterem über dieselben gutachtlich zu äußern;
2. in diesen Zusammenkünften über sonstige Fragen und Angelegenheiten, welche das Arbeitsverhältnis, insbesondere die Arbeitsordnung und Abänderungen derselben betreffen, ihr Gutachten abzugeben;
3. in diesen Zusammenkünften solche das Wohl der Bergleute und ihrer Angehörigen betreffende Verhältnisse und Fragen zu besprechen, welche ihnen von dem Bergwerksdirektor vorgelegt werden;
4. Streitigkeiten der Bergleute untereinander zu vermitteln und tunlichst beizulegen;
5. dazu mitzuwirken, daß die Arbeitsordnung sowie die für die Gesundheit und Sicherheit der Bergleute getroffenen Vorschriften und Anordnungen von den Kameraden gewissenhaft und pünktlich befolgt werden.

Die mit der Schaffung der Arbeiterausschüsse verknüpfte Hoffnung, zugleich die Arbeiterbewegung in ruhigere Bahnen zu lenken, wurde jedoch nicht erfüllt. Dies lag hauptsächlich daran, daß die gewählten Vertrauensmänner ihre Aufgabe nicht in der Vertretung der ihnen gemäß den erlassenen Bestimmungen mitgeteilten Anträge, Beschwerden oder Wünsche ihrer Grubenabteilungen erblickten und diese in passender Form in den vierwöchentlichen Vertrauensmännersitzungen dem Werksdirektor vortrugen, sondern sich als Beauftragte des Rechtsschutzvereins betrachteten und demgemäß die von letzterem in zahllosen Versammlungen stets von neuem aufgestellten Forderungen bei der Verwaltung befürworteten. Wie groß der Einfluß des Rechtsschutzvereins auf die Haltung der Arbeiterausschüsse war, geht daraus hervor, daß von sämtlichen 212 Vertrauensmännern des Bezirks 168 ihm angehörten und von diesen wiederum 46 zu den Vertrauensmännern des Vereins zählten.

Der der neugeschaffenen Einrichtung der Vertrauensmänner zugrunde liegende Gedanke wurde auch von Anfang an in Versammlungen wie in der Presse dadurch herabgesetzt, daß man gegen diese Art von „Schiedsgericht“ feierlich Einspruch erhob und die Befugnisse der Ausschüsse in jeder Weise bemängelte.

Die agitatorische Wirkung der neuen Einrichtung kam dadurch zum Ausdruck, daß die Vertrauensmänner unter sich oder mit ihren Wählern enge Fühlung nahmen und Zusammenkünfte anberaumten, an die sich dann allgemeine Versammlungen mit neuen unerfüllbaren Forderungen anschlossen. Alle diese Umstände bewirkten zusammen, daß die Bergarbeiter den Zweck der Arbeiterausschüsse durchaus verkannten, und letztere als Sprachrohr für die agitatorischen Forderungen des Rechtsschutzvereins benutzt wurden.

Die Arbeiterbewegung des Jahres 1890 stand daher unter dem Einfluß des Rechtsschutzvereins und der von ihm beeinflußten Arbeiterausschüsse, die sich gegenseitig ergänzend durch Abhalten von zahllosen Versammlungen nach Möglichkeit bemüht waren, die Bewegung in Fluß zu erhalten. Die Verkürzung der Schichtdauer sowie die Erhöhung der Löhne standen dabei noch im Mittelpunkt des Interesses, trotzdem die Leistung der einzelnen Arbeiter von Tag zu Tag zurückging.

Unter den vielen Versammlungen verdient die am 4. Mai von den Vertrauensmännern des Rechtsschutzvereins unter Zuziehung der Vertrauensmänner der Arbeiterausschüsse abgehaltene Versammlung besondere Erwähnung, weil hier in 24 Paragraphen die sog. „Völklinger Beschlüsse“, die lange ein Hauptzugmittel in der Agitation bildeten, gefaßt wurden. Sie bestanden u. a. neben der alten Forderung der 8-stündigen Schicht einschl. Ein- und Ausfahrt, in dem Verlangen nach einem erhöhten Normaldurchschnittslohn für den Hauer von 4,50 M. und entsprechender Erhöhung der Lohnsätze für die übrigen Arbeiterklassen, sowie in der Forderung eines aus 7 Mitgliedern bestehenden „Schiedsgerichts“, das sich aus 3 Bergleuten, dem Abteilungssteiger, zwei von der Belegschaft gewählten Grubenbeamten und einem gleichfalls von der Belegschaft gewählten Bergmann als Obmann zusammensetzen und bei allen „Schäden“ in und auf den Gruben sowie bei der Feststellung der Normalgedingesätze zu hören sein sollte. Die Königliche Bergwerksdirektion lehnte eine Antwort auf die zum Teil ganz unsinnigen Forderungen ab und ließ die Vertrauensmänner durch die Berginspektionen bescheiden.

Am 10. Juli faßte eine aus Vertrauensmännern des Rechtsschutzvereins nach dem Bildstock einberufene Versammlung den Beschluß, daselbst an der Stätte der ersten Ausstandsbewegung als dauerndes Zeichen ein Versammlungshaus des Vereins zu erbauen, mit dessen Ausführung der Vorsitzende des Arbeiter-Rechtsschutzvereins zu St. Johann betraut wurde.

e) Der Ausstand im Mai 1890.

Das einzig Erfreuliche an der damaligen Bewegung konnte man darin erblicken, daß sich die Bergarbeiter unter Führung des mit der ultramontanen Presse eng befreundeten Rechtsschutzvereins bis dahin im allgemeinen von sozialdemokratischen Einflüssen fern hielten und sowohl von einer Beschickung des internationalen Bergarbeiterkongresses zu Jolimont, als auch von einer Arbeitsniederlegung am 1. Mai 1890 absahen. In dieser Haltung fand jedoch allmählich ein Umschwung statt, als im Sommer des Jahres 1890 die sozialdemokratische Agitation durch Verbreitung sozialistischer Zeitungen und infolge Auftretens von sozialdemokratischen Agitatoren angesichts der im allgemeinen abwartenden Haltung der Bergverwaltung immer mehr Eingang unter der Belegschaft fand. Besonders trat dies zu tage, als die von Saarbrücken aus zum Besuch des im September 1890 in Halle tagenden Deutschen Allgemeinen Bergarbeiterkongresses abgesandten Vertreter zurückkehrten und die dort empfangenen Eindrücke in ihrem heimischen Bezirk verbreiteten. Die Gründung einer allgemeinen deutschen Bergarbeiterorganisation, die als einziger Punkt auf der Tagesordnung des Haller Kongresses gestanden hatte, wurde in den zahllosen Versammlungen des Rechtsschutzvereins und in den Zusammenkünften der Vertrauensmänner der Arbeiterausschüsse lebhaft besprochen und empfohlen, und daneben neue Forderungen in mehr oder weniger herausfordernder Weise aufgestellt. Die sozialdemokratische Richtung der Arbeiterbewegung wurde noch offenkundiger, als es sich um die Vorbereitungen zur Beschickung des im Frühjahr 1891 in Paris stattfindenden internationalen Bergarbeiter-Kongresses handelte, zu dessen Besuch jedoch den aktiven Bergleuten der Urlaub verweigert wurde. Die durch den Anschluß der Mitglieder des Rechtsschutzvereins an den allgemeinen Bergarbeiterverband geschaffene Lage wurde noch deutlicher, als in der zweiten Hälfte des April die westfälischen Bergleute die Arbeit niederzulegen beschlossen und der Anschluß des Saarreviers erwartet wurde. In einer am 30. April in Altenwald abgehaltenen Versammlung der Vertrauensmänner wurde auch die Arbeitsniederlegung beschlossen, falls nicht die Königliche Bergwerksdirektion innerhalb einer für sie festgesetzten Frist die s. Zt. gefaßten Völklinger Beschlüsse zur Ausführung bringen würde. Auch wurde verlangt, daß keine Kohlen nach Westfalen gesandt werden dürften. Trotz wiederholter eindringlicher Verwarnungen der Belegschaft durch die Bergverwaltung, kam es infolge der andauernden Verhetzung der Belegschaft durch die Führer des Rechtsschutzvereins, die bei dem Fest der Grundsteinlegung des Vereinssaales auf dem Bildstock am 10. Mai, sowie in zahlreichen Versammlungen auf den einzelnen Berginspektionen die Massen mit Erfolg bearbeiteten, am 21. Mai zu einer teilweisen Arbeitsniederlegung auf den Berginspektionen II zu Louisenthal und V zu Sulzbach, woselbst 1160 bezw. 237 Mann bei einer Belegschaft von 3573 bezw. 2638 Köpfen in den Ausstand traten.

Die Zahl der Streikenden betrug daselbst am

21. Mai . . . . . . 1397 Mann,
22. „ . . . . 1789 „ ,
23. „ . . . . 2201 „ ,
24. „ . . . . 260 „ .

Aber dank der festen Haltung der Bergverwaltung blieb trotz der gegenteiligen Bemühungen der Führer des Rechtsschutzvereins der Ausstand auf die beiden vorgenannten Berginspektionen beschränkt und nahm bereits am 25. Mai sein Ende, an welchem Tage fast die ganze Belegschaft wieder anfuhr. In Anbetracht der herausfordernden Haltung, die die Streikführer bei dieser Arbeitsniederlegung an den Tag legten, sah sich die Königliche Bergwerksdirektion gezwungen, diejenigen Führer, die sich durch Verhetzung hervorgetan, gänzlich oder auf Zeit abzulegen, die übrigen am Ausstand beteiligten Bergarbeiter in eine Geldstrafe von 6 M. zu nehmen.

Die Folgen dieser mißlungenen Arbeitseinstellung zeigten sich darin, daß die Bewegung zunächst sehr abflaute. Zwar suchten zahlreiche Mitglieder der Arbeiterausschüsse in prahlerischer Weise durch Niederlegen ihres Amtes als Vertrauensmann nach außen hin Eindruck zu machen, doch war der Erfolg ihrer Handlungsweise nur gering. Die von den Führern des Rechtsschutzvereins einberufenen Versammlungen waren schlecht besucht, die Mitgliederzahl des Vereins nahm unter der Einwirkung der katholischen Geistlichkeit, die sich vom Rechtsschutzverein zurückzog, als die Führer begannen, ihrem Einfluß zu entwachsen, ab; die Mitgliederbeiträge und Unterstützungen für die Abgelegten sowie für den Saalbau gingen schlecht ein und auch in der öffentlichen Meinung, die einst den Bestrebungen des Rechtsschutzvereins nicht unfreundlich gegenübergestanden hatte, trat ein Umschwung zu Ungunsten der Führer des Rechtsschutzvereins ein. Hierin konnte auch die Agitation des „Kaiserdeputierten" Schröder, der im September im Saarrevier erschien und auf einer Agitationsreise die Bergleute zum Anschluß an den Allgemeinen Deutschen Bergarbeiterverband zu bewegen suchte, nichts ändern.

Erst Ende 1890, als das Reichsgesetz vom 22. Juni 1889, betreffend die Invaliditäts- und Altersversicherung, die Änderung des Knappschaftsstatuts nötig gemacht hatte, gab dies die willkommene Gelegenheit, die Vereinsmitglieder wiederum aufzuwiegeln.

Die in den verschiedensten Versammlungen erörterten Beschwerden gegen das neue Statut, das als unannehmbar bezeichnet wurde und dessen

Änderung nötigenfalls durch Arbeitsniederlegung oder gar Auflösung des Vereins erzwungen werden sollte, wurden schließlich in einer seitens der Vertrauensmänner an den Herrn Minister für Handel und Gewerbe gerichteten Eingabe niedergelegt. Neben dem allgemeinen Vorwurf, daß die Neuaufstellung des Statuts ohne vorherige Anhörung der Bergleute erfolgt sei, enthielt sie eine Reihe von Einwendungen gegen Einrichtungen und Leistungen des Knappschaftsvereins und dessen Verwaltung. Ein in der Eingabe ebenfalls erwähnter Beschwerdepunkt, welcher als hauptsächliches Agitationsmittel gedient hatte, nämlich das Fehlen einer Bestimmung im Statut-Entwurf über die Erhaltung der Rechte der ausscheidenden Mitglieder, war bei Abfassung der Eingabe bereits hinfällig geworden. Der Knappschaftsvorstand hatte geglaubt bei der Aufstellung des Statuts von der Aufnahme einer dahingehenden Bestimmung mit Rücksicht auf den durch das neue Gesetz für alle Arbeiter eingetretenen Versicherungszwang und die dadurch bedingte Anrechnung der im Knappschaftsverein unter Wirkung des Gesetzes zurückgelegten Mitgliedschaft als reichsgesetzliche Beitragszeit absehen zu müssen. Man entsprach jedoch gerne dem Wunsche der Mitglieder um Wiederaufnahme der früheren Bestimmungen über die Erhaltung des Anspruchs, als die anfangs gehegten Zweifel über ihre Zulässigkeit gegenüber dem Reichsgesetz behoben waren.

Außer dieser Forderung wurde in der Eingabe u. a. verlangt, daß für die Krankenkassenmitglieder, die jugendlichen Arbeiter, eine noch über die Dauer eines Jahres hinausgehende Fürsorge stattfände, und daß als Gegenleistung für die Erhöhung der statutenmäßigen Beiträge den Vereinsmitgliedern eine größere Einwirkung bei der Verwaltung des Vereins eingeräumt würde, die sich auch auf die Auswahl der Ärzte zu erstrecken hätte.

Als zweckmäßig wurde auch die Abschaffung der Einrichtung der Knappschaftsärzte und an deren Stelle Einführung einer freien Ärztewahl empfohlen. Im Zusammenhang damit wurde für die Vereinsmitglieder eine größere Freiheit in bezug auf die Revier- und Lazarettbehandlung beansprucht.

Für die Erlangung des Pensionsanspruchs sollte möglichst die Altersgrenze von 50 Jahren gelten und gegen ablehnende Bescheide des Knappschaftsvorstandes auf Pensionierungsanträge durchweg ein schiedsgerichtliches Verfahren möglich sein, ferner gegen derartige Bescheide die Zulässigkeit des Rechtsweges statutarisch festgelegt werden. Die Schiedsgerichtsbeisitzer aus der Zahl der Arbeitnehmer sowie die Vertreter der Vereinsmitglieder im Vorstande sollten aus direkter Wahl aller Vereinsmitglieder hervorgehen und ihre Amtsdauer auf 3 Jahre festgesetzt werden. Auf diesen Zeitraum sollte auch die Amtsdauer der

Knappschaftsältesten überhaupt beschränkt und den Beamten sollte das Recht der Wählbarkeit zu Knappschaftsältesten entzogen werden.

Durch Ministerialbescheid vom 13. Februar 1901 wurde die Eingabe als völlig ungerechtfertigt zurückgewiesen, dabei besonders hervorgehoben, daß das Zustandekommen des Statuts auf vollkommen gesetzlicher Grundlage durch die dazu berufenen Organe erfolgt sei, daß eine Anzahl der erhobenen Beschwerden lediglich auf Nichtbeachtung oder Mißverständnis der maßgebenden gesetzlichen Bestimmungen und auf mißverstandene Auslegung des Statuts beruhe, daß der Knappschaftsverein in seinen Leistungen, dank dem Wohlwollen des Arbeitgebers, der auch durch das neue Statut wieder eine Mehrleistung an laufenden Beiträgen von jährlich 300 000 M. auf sich nehme, vielfach über das gesetzliche Mindestmaß hinausgehe, daß die Vertretung der Arbeiter in der Verwaltung des Vereins im richtigen Verhältnis zur Aufbringung der Mittel seitens derselben stehe und aus den Ausführungen der Eingabe kein Anlaß entnommen werden könne, auf die knappschaftliche Verwaltung im Sinne einer alsbaldigen Änderung des Statuts einzuwirken.

Dieser Bescheid wurde den Vertrauensmännern durch die Werksverwaltungen zugestellt und mit Nachdruck darauf hingewiesen, daß nunmehr jegliche Agitation gegen das neue Statut und die berufenen Vereinsorgane die Anwendung der Strafbefugnisse bezw. des Kündigungsrechts seitens der Werksleitung zur Folge haben werde.

Nachdem das Statut zur Verausgabung gelangt war, blieb der Knappschaftsvorstand bemüht, durch Flugblätter sowohl wie durch mündliche Belehrung in Versammlungen, welche der Knappschaftsdirektor übernahm, über zweifelhafte Punkte, namentlich über die aus dem Reichsgesetz vom 22. Juni 1889 übernommenen, ihrem Wortlaut nach für die Mitglieder nicht leicht verständlichen Bestimmungen Aufklärung zu geben und zu zeigen, wie das Statut nicht nur keine Verschlechterung gegen früher, sondern nach vielen Richtungen hin Verbesserungen gebracht habe.

Die Erkenntnis, daß das Statut auf zwingenden gesetzlichen Bestimmungen beruhe und daher nicht umzustoßen sei, brach sich denn auch bei den einsichtigeren Vereinsmitgliedern immer mehr Bahn, und die Anführer der Bewegung gegen seine Anerkennung mußten sich begnügen, ihre Anhänger mit dem Hinweise zu beruhigen, daß zunächst die einschlägigen Gesetze abgeändert werden müßten, ehe man an die gewünschten Änderungen im Knappschaftswesen herantreten könne.

Hand in Hand mit der Bewegung gegen das neue Knappschafts-Statut ging die Agitation gegen den Erlaß einer in Aussicht stehenden Arbeitsordnung und veranlaßte am 8. Dezember 1891 die in Dudweiler versammelten Vertrauensmänner der Arbeiterausschüsse, eine Eingabe an den Minister zu richten, in der die Völklinger Beschlüsse wiederum aufgestellt, die Wiederanlegung aller wegen Agitation seit dem Streik 1889 abgelegten Bergleute und die Einsetzung eines Schiedsgerichts verlangt wurde; bei Nichterfüllung der aufgestellten Forderungen wurde mit Niederlegung des Amtes als Vertrauensmann gedroht. Trotzdem die Bergverwaltung sich dieser Eingabe gegenüber durchaus ablehnend verhielt, blieb die Stimmung unter der Belegschaft bis zum Sommer 1892 ruhig, zu welcher Zeit die Tätigkeit des Rechtsschutzvereins mit erneuter Heftigkeit einzusetzen begann, und die durch die geringe Leistung und die herabgehenden Preise notwendig gewordene Regulierung der Gedingelöhne nebst Einlegung von Feierschichten eine gewünschte Gelegenheit zur Erregung von Unzufriedenheit gab.

f) Arbeiterausstand im Dezember 1892 und Januar 1893.

Die in die Belegschaft getragene Unzufriedenheit erreichte leider einen derartigen Umfang, daß zahlreiche ehemalige Mitglieder dem Rechtsschutzverein, dem sie abtrünnig geworden waren, wieder beitraten und daß eine auf dem Bildstock am 8. Dezember 1892 abgehaltene Bergarbeiterversammlung den Beschluß faßte, am 1. Januar 1893 die Arbeit niederzulegen, wenn nicht die in der obengenannten Eingabe an den Minister aufgestellten Forderungen durch die neue Arbeitsordnung erfüllt würden. Man wählte zugleich ein aus fünf Personen bestehendes Streikkomitee, das in Gemeinschaft mit dem Vorstand des Rechtsschutzvereins in zahlreichen auf allen Berginspektionen abgehaltenen Versammlungen die äußersten Anstrengungen machte, die gesamte Belegschaft zur Arbeitsniederlegung zu bewegen. Offenbar wollte man eine letzte Kraftprobe machen, um bestimmte sozialdemokratische Forderungen, wie den achtstündigen Arbeitstag und einen Mindestlohn für alle Arbeiterklassen durchzusetzen und ihre Aufnahme in die damals erlassene Arbeitsordnung zu erzwingen.

Eine wesentliche Stütze fand die Agitation in der Gründung zahlreicher bergmännischer Kasinos mit beschränkter Haftpflicht, sog. Saufkasinos, die eigentlich ihren Mitgliedern den Bezug billiger Nahrungsmittel sichern sollten, aber den hauptsächlichen Zweck verfolgten, den Bergleuten geistige Getränke über die Polizeistunde hinaus zu verkaufen und bei den sich dabei entwickelnden Trinkgelagen die Unzufriedenheit zu schüren.

Trotzdem für den 6. Januar eine Generalversammlung sämtlicher Mitglieder des Rechtsschutzvereins zur endgültigen Beschlußfassung über die Arbeitsniederlegung festgesetzt war, legte bereits am 29. Dezember ein Teil der Arbeiter auf den Gruben Von der Heydt, Heinitz, Friedrichsthal, Maybach und Camphausen, im ganzen 3123 Mann, die Arbeit nieder, sei es, daß die Führer der Bewegung nicht mehr Einhalt zu tun vermochten, sei es, daß sie den Beginn des Ausstandes absichtlich verschleiert hatten. In rascher Aufeinanderfolge schlossen sich am 30. Dezember die Gruben Dudweiler, Louisenthal, Sulzbach-Altenwald, Dechen und Göttelborn und kurz darauf die sämtlichen übrigen Steinkohlenbergwerke dem Ausstande an. Insgesamt haben bei einer Belegschaft von 29937 Mann

am 29. Dezember	gearbeitet	26 814 Mann,	gestreikt	3 123	Mann
„ 30. „	„	18 718	„	11 219	„
„ 2. Januar	„	4 611	„	25 326	„
„ 3. „	„	6 283	„	23 654	„
„ 4. „	„	7 824	„	22 113	„
„ 5. „	„	8 473	„	21 464	„
„ 7. „	„	8 784	„	21 153	„
„ 9. „	„	9 873	„	20 064	„
„ 10. „	„	11 171	„	18 766	„
„ 11. „	„	13 316	„	16 621	„
„ 12. „	„	16 047	„	13 890	„
„ 13. „	„	18 594	„	11 343	„
„ 14. „	„	21 840	„	8 097	„ .

Die Ausständigen legten sämtlich ohne vorherige Kündigung die Arbeit nieder und machten sich daher des Vertragsbruchs schuldig.

Im Gegensatz zu den früheren Ausständen war diesesmal die Haltung der Streikenden infolge der Verhetzung von sozialdemokratischer Seite eine äußerst herausfordernde und fand in dem Motto: „Alle Räder stehen still, wenn dein starker Arm es will" beredten Ausdruck. Bereits vor Beginn der Arbeitsniederlegung kam es in einer Versammlung zu Malstatt-Burbach zu bedauerlichen Ausschreitungen, denen bald weitere ernstliche Ruhestörungen auf Schacht Clara der Grube Maybach folgten, woselbst durch betrunkene Bergleute die Türen und Fenster des Maschinen- und Kesselhauses sowie des Ventilatorgebäudes vollständig zertrümmert wurden. Namentlich aber hatten die arbeitswilligen Bergleute unter der Haltung der Ausständigen zu leiden. Sie wurden bei der Anfahrt auf alle Weise verhöhnt, beschimpft, durch Revolverschüsse erschreckt, sodaß sie aus Furcht vielfach vorzogen zu Hause zu bleiben und die Verwaltung sich veranlaßt sah, Beginn und Ende der Schicht auf vormittags 8 Uhr und nachmittags 4 Uhr zu legen und nur in einer Schicht arbeiten zu lassen. An einigen Orten, z. B. in Neunkirchen und Von der Heydt, kam es den Arbeitswilligen gegenüber zu tätlichen Angriffen und Mißhandlungen. Namentlich war das Maschinenpersonal, das sich am Ausstande nicht beteiligte, den Einschüchterungen der Ausständigen ausgesetzt und konnte nur mittels eines starken Aufgebots von Gendarmen ungehindert auf den Betriebsstätten erscheinen. Auch war es charakteristisch, daß im Gegensatz zu früher zahlreiche Frauen an den Versammlungen teilnahmen, das Wort ergriffen und den Ausstand in jeder Weise zu schüren bemüht waren. Die Ausständigen versuchten wiederholt, ihre Forderungen persönlich bei der Bergverwaltung zur Geltung zu bringen. Aber alle Bemühungen schlugen fehl, da die Bergbehörde es ablehnte, mit den abgelegten Bergleuten in Verhandlung zu treten, und nur noch aktive Bergleute zugelassen wurden.

Da die Haltung der Ausständigen bis zum 10. Januar 1893 durchaus keine Besserung erkennen ließ und auf die Arbeitswilligen auf die Dauer höchst nachteilig einwirkte, so sah sich die Königliche Bergwerksdirektion gezwungen, am genannten Tage aus ihrer beobachtenden Haltung herauszutreten und folgende Erklärung im „Bergmannsfreund" der Belegschaft bekannt zu geben:

„Wegen ihrer aufreizenden Tätigkeit vor dem Streik und ihres Verhaltens während desselben sind heute die Hauptagitatoren für immer aus der Grubenarbeit entlassen, und wurden ihnen auf sämtlichen Gruben des Bezirks die Abkehrscheine zugestellt. Diese Maßregel trifft vorläufig etwa 500 Mann, nahezu sämtlich agitatorisch tätige Mitglieder des Rechtsschutzvereins. Ob die Zahl derselben sich noch vermehren wird, hängt lediglich von dem weiteren Verhalten der Belegschaft ab. Ferner werden, da die schlechte Lage des Kohlengeschäftes eine Verminderung der Belegschaft notwendig macht, außerdem von den Ausständigen mindestens 2000 bis 3000 Mann bis auf weiteres von der Grubenarbeit zurückgewiesen werden. Die Bergverwaltung hatte die Absicht, diese in geschäftlichem Interesse notwendige Maßregel lediglich mit Rücksicht auf die Belegschaft zu vermeiden. Diese Rücksicht ist aber nunmehr im Hinblick auf das Verhalten der Belegschaft in Wegfall gekommen. Selbstverständlich werden bei der Auswahl der von der Arbeit zurückgewiesenen mindestens 2000 bis 3000 Mann in erster Reihe diejenigen in Betracht kommen, welche am längsten im Ausstande verharren. Das mögen sich die Ausständigen gesagt sein lassen. Wenn auch die Notwendigkeit dieser Maßregeln im Interesse der Familien der Betroffenen beklagt werden muß, so sind sie doch durchaus erforderlich, um den Ausständigen zum Bewußtsein zu bringen, daß man nicht ungestraft unter Kontraktbruch in einen frivolen Streik eintritt."

Der Erfolg dieser durchgreifenden Maßregeln war unverkennbar. Obgleich die Streikführer fast täglich auf dem Bildstock Versammlungen abhielten und die Fortsetzung des Ausstandes beschlossen wurde, war der Eindruck unter der Belegschaft so groß, daß bereits am 16. Januar nur noch 3053 Mann und am 17. Januar 1402 ausständig waren. Am

18. Januar beharrten nur noch 278 Mann auf den Viktoriaschächten bei Püttlingen und 153 Mann aus dem Köllertal auf der Berginspektion Von der Heydt bei der Arbeitseinstellung und wurden zur Strafe bis zum 1. Februar 1893 abgelegt. Sonst fuhr die ganze Belegschaft an. Auch die Abgelegten fanden sich bei der Einfahrt wieder ein, wurden aber von den diensttuenden Beamten an den Grubeneingängen zurückgewiesen. Damit war der Streik beendet. Die Ausgesperrten machten allerdings in ihrem eigenen Interesse die verzweifeltsten Anstrengungen, bei der noch herrschenden Erregung ein Wiederaufleben desselben hervorzurufen. Aber alle Bemühungen schlugen angesichts der festen Haltung der Bergverwaltung, die über den Ernst ihrer Entschließungen keinen Zweifel aufkommen ließ, fehl. Es wurden bis zum 19. Januar 491 Mann für immer und 1966 bis auf weiteres aus der Belegschaft entlassen. Darunter befanden sich zahlreiche Knappschaftsälteste sowie Mitglieder der Arbeiterausschüsse, die sich hervorragend am Ausstand beteiligt hatten. Diese durchgreifenden Maßnahmen mochten wohl für viele der Abgelegten namentlich im Interesse ihrer Frauen und Kinder hart erscheinen, sie waren aber nach jahrelang geübter wohlwollender Nachsicht seitens der Verwaltung nötig, um der alles verhetzenden Agitation des Rechtsschutzvereins endlich ein Ziel zu setzen und die Arbeiter daran zu erinnern, daß sie nicht nur Rechte, sondern auch Pflichten gegenüber dem Arbeitgeber hatten. Es muß als ein besonderes Verdienst des damaligen Vorsitzenden der Königlichen Bergwerksdirektion bezeichnet werden, daß er es durch ein festes Zufassen verstanden hat, des größten Ausstandes im Saarrevier Herr zu werden und die Grundlage für eine gedeihliche Weiterentwickelung zu schaffen. Die guten Folgen dieses kraftvollen Vorgehens gegen die Rädelsführer blieben auch auf die Dauer nicht aus. Unter der Belegschaft griff allmählich, wenn auch nicht gleich, eine nüchterne Auffassung Platz, die dadurch namentlich zum Ausdruck kam, daß binnen kurzer Zeit 8000 Bergleute ihre Mitgliedschaft bei dem Rechtsschutzverein abmeldeten. Infolge dieses Massenaustritts sah sich dann auch der Rechtsschutzverein gezwungen, im Juli 1893 seine statutenmäßige Tätigkeit sowie die Herausgabe des Vereinsorgans „Schlägel und Eisen“ einzustellen. Am 13. Juli 1893 wurde in einer Generalversammlung auf dem Bildstock die Auflösung des Vereins beschlossen und ein Liquidationskomitee zur Verwaltung des Vermögens eingesetzt. Formell blieb der Verein zur Durchführung eines Prozesses gegen eines seiner Vorstandsmitglieder noch bis zum März 1896 bestehen, zu welchem Zeitpunkt seine endgültige Auflösung erfolgte. Damit fand ein Rechtsinstitut sein natürliches Ende, das jahrelang in unverantwortlicher Weise seinen Einfluß auf die Bergarbeiterschaft an der Saar mißbraucht und das Vertrauen der Arbeiter zu dem Arbeitgeber auf das schwerste erschüttert hatte. Hoffentlich werden die staatlichen Berg-

leute an der Saar aus der Geschichte des Rechtsschutzvereins und dem Ausgang des letzten Streiks eine Lehre ziehen und sich von der Beteiligung an derartigen leichtfertigen Arbeitsausständen dauernd fernhalten. Es steht zu hoffen, daß unter der Fürsorge der Staatsverwaltung auf den königlichen Bergwerken an der Saar, die nach den in den Februarerlassen 1890 niedergelegten Absichten Seiner Majestät zu Musteranstalten des Staats ausgebaut werden sollen, das Vertrauen wiederkehrt und dauernd erhalten bleibt, das allein eine gedeihliche Entwickelung der Arbeiterverhältnisse auf dem Gebiete der Wohlfahrt gewährleistet.

4. Die Arbeitsordnung vom 3. Dezember 1892.

Wie bereits in einem der vorigen Abschnitte erwähnt wurde, nahm die Bergwerksdirektion sofort nach Ausbruch des ersten Streiks Veranlassung, unter dem 25. Mai 1889 einen Nachtrag zu der Arbeitsordnung vom 6. August 1877 zu erlassen, in welchem zeitgemäßere Bestimmungen über die damaligen Hauptbeschwerdepunkte der Schichtdauer, Gedingefestsetzung und Lohnberechnung für die Schlepper bei der Gedingeauseinandersetzung aufgenommen wurden. Die mit Abfassung des Nachtrags beauftragte Kommission war nicht darüber im Zweifel, daß eine Umänderung der ganzen Arbeitsordnung erfolgen müsste. Die Herausgabe einer neuen Arbeitsordnung war jedoch von dem Erlaß einer Novelle zum Allgemeinen Berggesetz abhängig und konnte erst geschehen, als diese unter dem 24. Juni 1892 erging. Bis dahin wurden jedoch durch die dazu berufenen Behörden bereits wichtige auf das Arbeitsverhältnis bezügliche Bestimmungen getroffen, die in die heutige Arbeitsordnung mit meist geringen Abänderungen Aufnahme gefunden haben. In der Art wurden geregelt die Art der Feststellung und Bekanntmachung der Disziplinarstrafen, die Ausbildung und Heranziehung der Bergleute, das Nullen der Wagen u. a. m. Namentlich traf ein Erlaß vom 14. Mai 1891 wichtige für die Regelung des Arbeitsverhältnisses maßgebende Vorschriften. Die Versteigerung der Gedingearbeiten wurde grundsätzlich untersagt und nur noch Handgedinge als zulässig erachtet. Zur Feststellung der letzteren und zur genaueren Bestimmung der Voraussetzungen, unter denen sie abgeschlossen werden sollten, wurden an Stelle der früheren Protokolle neue Gedingebücher eingeführt. Auch wurden vom Jahre 1890 ab die Grubenlampen den Bergleuten von den Werksverwaltungen umsonst geliefert und ihr Ersatz nur dann gefordert, wenn der Besitzer eine Fahrlässigkeit beging. Die Abzüge für Öl wurden auf 4 Pf. allgemein herabgesetzt. Nachdem dann der von beiden Häusern des Landtages mit einigen Änderungen angenommene Gesetzentwurf über die Abänderung einzelner Bestimmungen des Allgemeinen Berggesetzes Allerhöchst vollzogen war, konnte die Königliche Bergwerksdirektion dem Erlaß einer neuen Arbeitsordnung gemäß den Vorschriften des § 80a näher treten. Nach eingehenden Verhandlungen gab der Handelsminister unter dem 3. Dezember 1892 seine Genehmigung zum Erlaß der noch jetzt in Kraft befindlichen Arbeitsordnung vom gleichen Tage.

Die neue Arbeitsordnung bildet einen wichtigen Schlußstein in den zur Verbesserung der Lage der Bergarbeiter auf dem Gebiete der Gewerbegesetzgebung zum Ausdruck gekommenen Bestrebungen und unterscheidet sich wesentlich von den früheren dadurch, daß sie, entsprechend dem in den Motiven zur Novelle vom 24. Juni 1892 ausgesprochenen Grundsatz, die zwischen dem Bergwerksbesitzer und dem Bergarbeiter vertragsmäßig bestehenden Beziehungen möglichst vollständig umfaßt und dasjenige materielle Recht feststellt, welches für das Vertragsverhältnis zwischen beiden maßgebend ist. In Übereinstimmung hiermit sind alle diejenigen Bestimmungen, die über den Rahmen dieses Verhältnisses hinausgehen, namentlich diejenigen instruktioneller Art und diejenigen über das Verhältnis zum Saarbrücker Knappschaftsverein weggelassen worden.

Die neue Arbeitsordnung ist eine Normalarbeitsordnung, da sie nach einheitlichem Muster aufgestellt ist und eine Reihe der wichtigsten Gegenstände, wie Schichtdauer, Bemessung der Gedingesätze usw., gemeinsam regelt. Andererseits sind die Arbeitsordnungen für die einzelnen Steinkohlenbergwerke besonders erlassen worden, um den Bedürfnissen der einzelnen Berginspektionen genügenden Spielraum zu geben. Für die Faktorei, das Hafenamt in Malstatt und die Kokerei auf Grube Heinitz wurden besondere Arbeitsordnungen erlassen.

Die neue Arbeitsordnung hat naturgemäß einen weit größeren Umfang als ihre Vorgängerin und unterscheidet sich von ihr auch in der Gliederung dadurch, daß die beiden früheren Hauptteile, Arbeitsordnung und Strafbestimmungen, in Wegfall gekommen sind, und sie in der äußeren Fassung als Ganzes erscheint. Sie ist in sieben Abschnitte eingeteilt, auf deren Einzelbestimmungen, soweit sie bisher nicht schon erwähnt worden sind, hier nur verwiesen sei.

5. Das Berggewerbegericht zu Saarbrücken.

Neben dem Erlaß der Novelle zum Allg. Berggesetz fallen in den besprochenen Zeitabschnitt noch zwei Gesetze, die für den Saarbrücker Steinkohlenbergbau inbezug auf das Verhältnis zwischen Bergwerksbesitzer und Arbeiter Erwähnung verdienen: Das Reichsgesetz vom 29. Juli 1890 betreffend die Gewerbegerichte und die Novelle zur Reichsgewerbeordnung vom 1. Juni 1891. Auf grund des erstgenannten Gesetzes hat der Handelsminister von dem ihm zustehenden Rechte, zur Schlichtung von gewerblichen Streitigkeiten auf Bergwerken zwischen Arbeitern und Arbeitgebern besondere Berggewerbegerichte zu errichten, Gebrauch gemacht und unter dem 30. Juni 1893 die Errichtung eines Berggewerbegerichtes Saarbrücken mit dem Sitz ebendaselbst für die gewerblichen Streitigkeiten der auf den Steinkohlenbergwerken des Saarbezirks beschäftigten Arbeiter mit ihrem Arbeitgeber angeordnet. Das Berggewerbegericht Saarbrücken zerfällt in die 4 Kammern Saarbrücken, Völklingen, Sulzbach, Neunkirchen und setzt sich aus einem Vorsitzenden, den nötigen Stellvertretern und fünfzig Beisitzern zusammen.

Die Erwartung, daß das Berggewerbegericht für die gewerbliche Stellung des Arbeiters zum Arbeitgeber eine einschneidende Bedeutung haben würde, hat sich für den Saarbrücker Bezirk nicht erfüllt. Seit Errichtung des Gewerbegerichts Saarbrücken sind die einzelnen Spruchkammern bis heute im ganzen 8 mal angerufen worden. In 5 Fällen erfolgte die Abweisung der Klage, in zweien die Zurücknahme und nur in einem einzigen Falle wurde der Beklagte verurteilt. Diese geringe Tätigkeit der einzelnen Spruchkammern mag darauf zurückzuführen sein, daß auf den königlichen Gruben das Beschwerderecht sehr ausgedehnt ist und bis zu den höchsten Instanzen reicht und sich somit für die Beschreitung des Klageweges vor Gericht keine Veranlassung bietet. Auch ist das zwischen Arbeitgeber und Arbeiter durch die Arbeitsordnung vom 3. Dezember 1892 geschaffene Rechtsverhältnis klar genug, um Meinungsverschiedenheiten und Streitigkeiten zu verhüten.

Die Novelle zum Gesetz über die Gewerbegerichte vom 30. Juni 1901 hat für das Berggewerbegericht zu Saarbrücken, abgesehen von einer Erweiterung seiner sachlichen Zuständigkeit, keinen Einfluß gehabt.

Als Einigungsamt ist das Berggewerbegericht zu Saarbrücken bisher noch niemals in Tätigkeit getreten.

Die Novelle zur Reichsgewerbeordnung vom 1. Juni 1891 soll hier noch erwähnt werden, weil auf ihr neben den landesgesetzlichen Bestimmungen des Berggesetzes vornehmlich das geltende Bergarbeiterrecht beruht. Besonderheiten für den Saarbrücker Bezirk sind jedoch nach dieser Richtung nicht vorhanden. Die allgemeinen für das Deutsche Reich ergangenen Bestimmungen über Sonntagsruhe, Lohnzahlung, die Beschäftigung jugendlicher Arbeiter und Arbeiterinnen gelten auch im Bereich der Bergverwaltung Saarbrücken, weshalb hier von einer näheren Darlegung der einschlägigen Verhältnisse abgesehen werden kann. Als Ausnahmebestimmung für die Beschäftigung der jugendlichen Arbeiter, die mit den unmittelbar mit der Förderung in Zusammenhang stehenden Arbeiten beschäftigt sind, hat bisher die Bekanntmachung des Reichskanzlers vom 1. Februar 1895, vom 1. April 1903 ab die Bundesratsverordnung vom 24. März 1903 in Geltung gestanden.

6. Die Vertrauensmänner.

In der Haltung der Vertrauensmänner zu der Königlichen Bergverwaltung ist seit dem mißlungenen Streik des Jahres 1893 ein nicht unwesentlicher Umschwung eingetreten. Als es nach der Entlassung von 117 Vertrauensmännern aus der Grubenarbeit gelungen war, die Arbeiterbewegung des Jahres 1893 in ruhigere Bahnen zu lenken, fand auch in den Arbeiterausschüssen allmählich eine ruhigere Auffassung Platz. Die Arbeitervertreter erkannten allmählich, daß sie nicht dazu da waren, politischen Bestrebungen Vorschub zu leisten, sondern in unmittelbarer Aussprache mit dem Werkleiter berechtigte Wünsche der Belegschaft zu vertreten hatten. In dieser Richtung haben sie denn auch im Interesse der Belegschaft gewirkt, und man kann wohl ohne Übertreibung sagen, daß die Arbeiterausschüsse auf den Königlichen Gruben des Saarreviers sich im allgemeinen bewährt haben. Bestrafungen von Vertrauensmännern durch Ablegung oder Versetzung auf eine andere Grube sind nur in ganz vereinzelten Fällen nötig geworden.

Außer den früher schon genannten Bestimmungen sieht auch die Arbeitsordnung vom 3. Dezember 1892 die Mitwirkung der Vertrauensmänner bei einer ganzen Reihe von Maßnahmen vor, z. B. bei der Belegung von Privatquartieren durch unverheiratete minderjährige Arbeiter (§ 7 Abs. 1), bei dem Aufrücken aus einer Arbeiterklasse in eine andere in gewissen Fällen (§ 11 u. 12) und bei der Auszahlung des Lohnes an Minderjährige (§ 40 Abs. 1). Desgleichen haben die Vertrauensmänner gemäß § 35 der Arbeitsordnung das Recht, durch einen aus der Mitte der Belegschaft zu wählenden Vertrauensmann auf ihre Kosten das Verfahren bei der Feststellung des Gewichts an reinen Kohlen durch den Verladeaufseher und den Wiegemeister überwachen zu lassen, eine Befugnis, von der jedoch, soweit bis jetzt bekannt, noch kein Gebrauch gemacht worden ist. Bei der Feststellung des Beginns und Endes der Schichten vor und nach Festtagen, sowie bei der Einführung von Über- und Nebenschichten (§ 22) sind die Arbeiterausschüsse schon vor Erlaß der neuen Arbeitsordnung regelmäßig befragt worden. Seit dem 1. Januar 1903 haben die Vertrauensmänner nach Maßgabe näherer, von der Königlichen Bergwerksdirektion unter dem 15. Dezember 1902 erlassener Bestimmungen versuchsweise das Recht erhalten, diejenigen Steigerabteilungen, von denen sie gewählt sind, inbezug auf die Sicherheit der Arbeiter zu überwachen und sich über die daselbst vorkommenden Unfälle zu unterrichten. Die Befahrungen sollen vierwöchentlich in Begleitung eines Werksbeamten erfolgen und sich, wenn möglich, auf alle Punkte der Grubenabteilung erstrecken. Der Vertrauensmann hat sich hierbei streng auf die Untersuchung der Baue zu beschränken und alles, was nicht zu dieser Aufgabe gehört, zu unterlassen. Zu Anordnungen ist er nicht befugt. Die Beobachtungen und Bemerkungen des Vertrauensmannes werden in ein besonderes Befahrungsbuch eingetragen oder dem Obersteiger zu Protokoll gegeben. Über die Erfahrungen, die man auf den Saargruben mit der Einrichtung der „Sicherheitsmänner" gemacht hat, die übrigens von den Organen der eigentlichen Bergpolizei vollständig losgelöst worden ist, steht ein endgültiges Urteil noch nicht fest. Doch gewinnt es den Anschein, als ob ein irgendwie erheblicher Einfluß auf die Sicherheit des Betriebes der Mitwirkung der Sicherheitsmänner nicht beizumessen sei.

II. Die Lage der Bergarbeiter 1889 bis 1903.

1. Löhne und Leistungen.

Seit langer Zeit trat zum erstenmal im Jahre 1888 eine Besserung in der Wirtschaftslage und damit auch in den Kohlenpreisen ein, die sich infolge der nachfolgenden Arbeitseinstellungen vorübergehend zu einer wahren Panik auf dem Kohlenmarkte steigerte. Diese Aufwärtsbewegung in den Kohlenpreisen hatte unmittelbar ein plötzliches Emporschnellen der Löhne zur Folge, das bis zum Jahre 1891 anhielt und erst mit dem in diesem Jahre eintretenden allgemeinen wirtschaftlichen Rückschlag einer starken Herabsetzung der Löhne Platz machte. Das mittlere Jahresarbeitsverdienst, das im Jahre 1888 für den eigentlichen Grubenarbeiter 894 M. betragen hatte (s. Tabelle C und graphische Darstellung Tafel 2), stieg infolge zweimaliger Gedingeregulierungen durch die Königliche Bergwerksdirektion, denen ein mittleres reines Verdienst in der Hauerschicht zuerst von 3,50 M., dann von 4 M. zugrunde gelegt wurde, 1889 auf 967 M., 1900 auf 1155 M. und erreichte 1891 mit 1269 M. seine größte Höhe. Diese Aufwärtsbewegung der Löhne fällt um so mehr ins Gewicht, wenn man den gleichzeitigen Rückgang der Leistung der Arbeiter infolge ihrer unbotmäßigen Haltung und der Verkürzung der Schichtdauer in Rechnung zieht. Nach Tabelle C ergibt sich im Jahre 1888 eine Jahresleistung von 243 t, die im Jahre 1892 auf 207 t für den Kopf der Gesamtbelegschaft zurückgegangen ist. Legt man die Tabelle D zugrunde, in der für die Jahre 1888 bis 1891 die aus der Belegschaft ausscheidenden Werksbeamten bereits unberücksichtigt gelassen sind, so wird der Unterschied noch erheblicher, da die Leistung in der genannten Zeit von 256 t oder von 0,886 t i. d. Schicht auf 210 t bezw. auf 0,744 t, d. i. um 19,2 v. H. bezw. 16,9 v. H. bis zum Jahre 1892 sank. Zwar versuchte die Belegschaft, wie an anderer Stelle näher dargelegt ist, dem durch die Krisis der Jahre 1892 und 1893 unbedingt notwendig gewordenen Herabgehen der Löhne durch die Arbeitseinstellung im Winter 1892/93 Einhalt zu tun, doch mußte dieser Bewegung ein Erfolg versagt bleiben. Dagegen hatte der Ausgang des Streiks die segensreiche Wirkung, daß sich bei der Belegschaft allmählich eine größere Arbeitswilligkeit einstellte, die in einer anhaltenden Steigerung der Leistung bis zum Jahre 1898 zum Ausdruck kam, der dann allerdings wieder mit den besseren Löhnen der Jahre 1899 bis 1902 ein Nachlassen der Arbeitsleistung folgte. Die graphischen Darstellungen auf Tafel 2 sind ein beredtes Bild davon, wie sich auf den Steinkohlenbergwerken des Saarreviers Arbeitsleistung und Lohnhöhe bezw. Kohlenpreise ergänzen und wie jedesmal, von geringfügigen Abweichungen abgesehen, mit dem Steigen der Kohlenpreise ein Herabgehen in der Arbeitsleistung verknüpft ist. Es soll dies hier besonders betont werden, weil anderweitige außerhalb

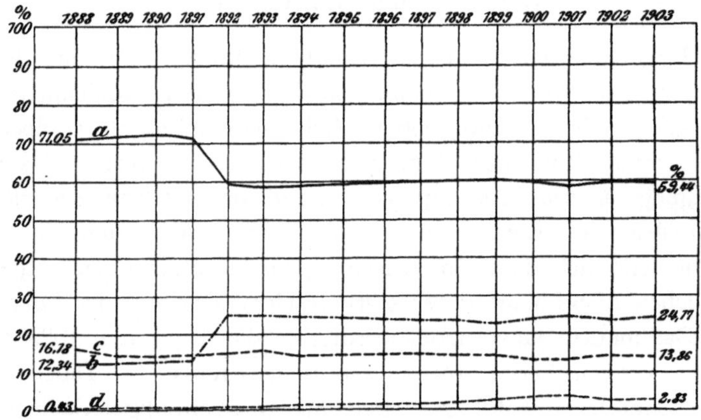

Fig. 1.

a
________ Unter Tage beschäftigte eigentliche Bergarbeiter (Aus- u. Vorrichtung, Abbau u. Förderung; Hauer und Schlepper).

b
—.—.—.—. Sonstige unter Tage beschäftigte Arbeiter (Grubenausbau, Nebenarbeiten, Ausbesserungen usw.).

c
— — — — — — Über Tage beschäftigte Arbeiter (ausschl. jugendliche u. weibliche).

d
.... Jugendliche Arbeiter.

des Wirkungskreises der Arbeiter liegende Momente auf die Höhe der Arbeitsleistung keinen oder nur unmerklichen Einfluß gehabt haben und namentlich das Anteilsverhältnis der einzelnen Arbeiterklassen an der Stärke der Belegschaft auf den Saargruben fast genau dasselbe geblieben ist. Während z. B. im niederrheinisch-westfälischen Bezirk die Zahl der über Tage beschäftigten Arbeiter mit der Ausdehnung der Kokereien und der Anstalten zur Gewinnung der Nebenerzeugnisse von Jahr zu Jahr zugenommen hat, hat sich der Anteil sämtlicher Arbeiterklassen an der Belegschaft auf den Saargruben nach Figur 1, abgesehen von dem Ausscheiden der Werksbeamten aus der Klasse a im Jahre 1891, fast nicht geändert. Nur das Anteilsverhältnis der jugendlichen Arbeiter hat von 0,43 v. H. im Jahre 1888 auf 2,83 v. H. im Jahre 1903 zugenommen. Um so mehr stellt die Arbeitsleistung für die letzten Jahre einen wohl brauchbaren Maßstab dar.

Die mittleren Löhne blieben seit dem Jahre 1893 zunächst ziemlich gleich und zeigten erst mit der im Jahre 1896 eintretenden Gesundung des wirtschaftlichen Lebens und der darauf folgenden Blüte der deutschen Eisenindustrie eine wesentliche Besserung, die bis auf den heutigen Tag angehalten hat. Die in Tafel 2 Fig. 1 aufgezeichnete Lohnkurve ist für die letzten Jahre von besonderem Interesse, weil zum erstenmale die Lohnbewegung der Jahre 1899 bis 1903 nicht unmittelbar, wie dies früher die Regel war, den Schwankungen der Kohlenpreise gefolgt ist. Während die im Jahre 1901 eintretende scharfe rückläufige Bewegung auf dem Gebiete des wirtschaftlichen Lebens ein nicht unbeträchtliches Sinken der Kohlenpreise zur Folge hatte (bei den Fettkohlen von 12,50 M. auf 10,95 M.) ist das Jahresarbeitsverdienst (Nettolohn) nach Tabelle D seit dem Jahre 1900 im Gegensatz zu anderen Steinkohlenbezirken nicht nur gleich geblieben, sondern hat sogar eine geringe Erhöhung von 1044 M. im Jahre 1900 auf 1068 M. im Jahre 1903 erfahren. Es soll dies nicht unerwähnt bleiben, da wiederholt der Bergverwaltung ein Vorwurf daraus gemacht wurde, daß die Aufwärtsbewegung in den Löhnen mit den Kohlenpreisen nicht gleichen Schritt gehalten habe. Demgegenüber geht die Lohnpolitik der staatlichen Bergverwaltung neuerdings dahin, das Jahreseinkommen des einzelnen Arbeiters selbst auf Kosten der staatlichen Überschüsse nach Möglichkeit gleichmäßig zu gestalten. Daß diese Politik der Stetigkeit durchaus im Interesse der Haushaltung eines jeden Arbeiters ist, liegt auf der Hand.

Wie hoch sich das reine Einkommen der einzelnen Arbeiterklassen stellt, zeigt Tafel 2 Fig. 2 in Verbindung mit Tabelle E. Danach beträgt im Jahre 1903 das Verdienst in der Schicht für Klasse a 4,12 M., für Klasse b 2,94 M. und für Klasse c 3,04 M. Bemerkenswert ist noch, daß das Einkommen der über Tage beschäftigten Arbeiter (Klasse c), das im Anfang des Jahrzehnts erheblich hinter dem der Klasse b zurückstand, letzteres nicht unbedeutend überflügelt hat. Die Tabelle F endlich gibt eine Übersicht darüber, wie sich seit 1893 die verdienten reinen Hauerlöhne der Klasse a prozentual auf die Hauer verteilen. Faßt man die Lohnergebnisse der Jahre 1889/1903 zusammen, so kann man unbedingt behaupten, daß die Löhne, abgesehen von zeitlichen Schwankungen, im Gegensatz zu der Lohnbewegung der vorhergehenden Jahre ein durchaus erfreuliches Bild zeigen und den wesentlichen Anteil erkennen lassen, den die Arbeiter an der Erhöhung der Kohlenpreise gehabt haben.

2. Lebenshaltung und Lebensmittelpreise.

Die günstige Lohnentwickelung auf den königlichen Steinkohlengruben des Saarreviers in Verbindung mit den übrigen seitens der staatlichen Bergverwaltung zur sittlichen und wirtschaftlichen Hebung des Bergarbeiterstandes ergriffenen Maßnahmen — namentlich auf dem Gebiete des Wohnungswesens — hat naturgemäß auf den Wohlstand der Bergarbeiterbevölkerung und deren Lebenshaltung einen äußerst fördernden Einfluß ausgeübt. Dies geht sowohl aus dem verhältnismäßig günstigen Besitzstand der Bergarbeiter als auch aus der gesteigerten Steuerkraft der Gemeinden hervor. Nach den Ergebnissen der Belegschaftszahlung vom 1. Dezember 1900 (vergl. Tabelle 2 auf S. 106/7) waren von der Gesamtbelegschaft

Hauseigentümer	15369	=	37,12 v. H.
Besitzer von Feld, Wiesen usw. . .	9984	=	24,11 v. H.
Hauseigentümer und Besitzer von Feld, Wiesen usw.	9190	=	22,19 v. H.
Nur Hauseigentümer	6179	=	14,92 v. H.

An Viehbestand besaß die Belegschaft an dem genannten Tage 95 Pferde, 10716 Stück Rindvieh, 10626 Ziegen und 10134 Schweine.

Die von den Bergleuten bewohnten Ortschaften machen schon äußerlich betrachtet einen freundlichen Eindruck und lassen erkennen, daß ein gewisser Wohlstand unter den Bewohnern vorhanden ist. Dies gilt insbesondere von Orten mit ländlicher Umgebung, in denen in der 1. Hälfte des vorigen Jahrhunderts noch eine große Armut herrschte, welche sich jedoch, begünstigt durch die nahe Arbeitsgelegenheit und die hohen Löhne, in ihrer Entwickelung ganz besonders gehoben haben. Über die sonstigen Eigentumsverhältnisse der Bergleute läßt sich kein genaues Bild geben. Zwar vermitteln die Grubenkassen die Einzahlung von Einlagen an die Sparkassen (s. S. 139), doch befinden sich unter den eingezahlten Summen größtenteils Kapitalrückzahlungen auf Darlehen usw., sodaß sich nicht sicher feststellen läßt, wie hoch sich die Ersparnisse der bergmännischen Bevölkerung belaufen; auch legt unzweifelhaft ein Teil der Bergleute etwaige Ersparnisse ohne Vermittelung der Gruben in den Sparkassen an.

Die Lebenshaltung der Bergleute ist eine gute. Sie wird neben den Löhnen wohl am meisten durch die Lebensmittelpreise beeinflußt, die, soweit es sich um Getreidepreise handelt, für den Zeitraum der letzten Jahrzehnte durchaus günstig waren. Das stete und, von geringen Abweichungen abgesehen, anhaltende Fallen der Roggen- und Weizenpreise seit Beginn der achtziger Jahre macht sich in den St. Johann-Saarbrücker Marktpreisen sowohl für die genannten Getreidearten als auch für Weizen- und Roggenmehl im Kleinverkauf bemerkbar (vergl. Tabelle G und H und Tafel 1). Dem zweimaligen Anziehen der Getreidepreise im Jahre 1891 und 1898 ist keine wesentliche Bedeutung beizumessen, da in dieselbe Zeit eine erhebliche Steigerung der Löhne fiel. Der Preis der Kartoffeln, die auf dem Buntsandsteinboden des Saarbeckens gut gedeihen und einen wichtigen Bestandteil der Nahrung der einheimischen Bevölkerung bilden, hat sich in den letzten Jahrzehnten nicht wesentlich geändert. Soweit Kartoffeln durch die Bergleute selbst nicht oder nicht hinreichend gezogen werden, ist letzteren übrigens Gelegenheit gegeben, ihren Bedarf durch Vermittelung der Berginspektionen und Konsumvereine in billiger Weise zu decken.

Der Marktpreis für Hülsenfrüchte (Erbsen), der lange Jahre hindurch ziemlich gleich geblieben ist, ist in den beiden letzten Jahren dagegen etwas gestiegen.

Im Gegensatz zu den Getreide- und Mehlpreisen, die mit dem fallenden Geldwert eine sinkende Richtung zeigen, haben die Fleischpreise sowohl für Rindfleisch als auch für Schweinefleisch seit langen Jahren einen verhältnismäßig hohen Stand im Saargebiet eingenommen (s. Tabelle H und Tafel 3). Dasselbe gilt von Speck, Schmalz und Butter, deren Preise sämtlich seit Mitte der sechziger Jahre, allerdings unter grossen Schwankungen, gestiegen sind. Es ist nicht zu leugnen, daß die Lebenshaltung der arbeitenden Klassen durch hohe Fleischpreise nicht günstig beeinflußt wird und daß der Bergmann zu seinem Lebensunterhalt einer kräftigen Fleischnahrung bedarf. Trotzdem kann die seit Mitte der achtziger Jahre stattgehabte Steigerung der Fleischpreise nach dieser Richtung hin nicht als bedenklich angesehen werden, da seitdem die Löhne erheblich gestiegen sind und gerade die Jahre mit hohen Fleischpreisen (1890 und 1902) sich durch ein hohes mittleres Jahreseinkommen der Bergleute auszeichnen. Dies geht am besten aus einem Vergleich des Zuwachses hervor, den die Lebensmittelpreise seit dem Jahre 1888 genommen haben. Die Steigerung seit diesem Jahre bis 1903 beträgt nach den St. Johann-Saarbrücker Marktpreisen für Rindfleisch im Kleinverkauf rd. 12 v. H., für Schweinefleisch rd. 20 v. H., gegen eine Steigerung der reinen durchschnittlichen Löhne für sämtliche Arbeiterklassen von rd. 27 v. H. Gegen den Durchschnittspreis der letzten 16 Jahre standen im Jahre 1903 die Preise für Rindfleisch und Speck um 4 bezw. 6 Pfennig höher, für Schweinefleisch um 3 Pfennig niedriger.

Die vielfach aufgestellte Behauptung, daß die Steigerung der Löhne während der letzten wirtschaftlichen Hochflut durch die Erhöhung der Lebensmittelpreise mehr als ausgeglichen worden sei, trifft daher für den Saarbezirk in keiner Weise zu. Dabei ist zu berücksichtigen, daß zahlreiche Bergleute sich ein Schwein großziehen und daher von den hohen Fleischpreisen nur bis zu einem gewissen Grade betroffen werden.

Für den Wohlstand der bergmännischen Bevölkerung ist in letzter Linie naturgemäß die eigene Tüchtigkeit und der vorhandene wirtschaftliche Sinn maßgebend. Die Betätigung nach dieser Richtung hin ist aber eine ganz verschiedene.

Es gibt zahlreiche Bergmannsfamilien, die, unterstützt durch die Maßnahmen der staatlichen Bergverwaltung oder des Saarbrücker Knappschaftsvereins, es durch Tüchtigkeit und Fleiß zu eigenem Besitz, zu Haus und Hof gebracht haben und ein behagliches, wenn auch arbeitsames Leben führen. Dies trifft namentlich auf diejenigen Kreise zu, die Gelegenheit haben, etwas Landwirtschaft zu treiben, in der die Frau ihre freie Zeit benutzt, um für den gemeinsamen Haushalt durch Bestellung des Feldes zu sorgen. Wenn dann noch Söhne heranwachsen, die als Schlepper oder Lehrhauer schon frühzeitig einen verhältnismäßig großen Verdienst haben und ihren Eltern pflichtgemäß einen Teil ihres Lohnes abliefern, so kann es an einem sichern Fortkommen nicht fehlen.

Leider gibt es aber auch Leute unter der bergmännischen Bevölkerung, denen es an jedem wirtschaftlichen Sinn gebricht. Es sind dies häufig Familien, die frühzeitig ohne nennenswertes Vermögen gegründet sind, das Mobiliar auf Abzahlung erworben haben und teuer abtragen müssen und denen es bei zahlreicher Nachkommenschaft an der nötigen Kraft fehlt, aus anfänglich schwieriger Lage sich emporzuarbeiten. Meist trifft ein nicht geringer Teil der Schuld an diesen Verhältnissen die Frau, der es trotz der Ausbildung in den vorhandenen Industrie- und Kochschulen an Übersicht fehlt, einem Haushalt vorzustehen, und die es häufig an einer guten Erziehung der Kinder fehlen läßt. Die Folge zeigt sich dann darin, daß die Leute bei Bäcker, Metzger und Handwerkern in Schulden geraten, trotzdem sie in den bergmännischen Konsumvereinen gegen Barzahlung Gelegenheit haben, gut und preiswert zu kaufen, daß das verdiente Geld kurz nach den Abschlag- und Lohntagen verausgabt wird und daß die herangewachsenen Söhne recht bald das Vaterhaus verlassen, um in einer Schlafstelle unterzukommen oder selbst zu heiraten. Das Schuldenmachen wird außer durch fleißigen Wirtshausbesuch der Männer*) noch durch die unverkennbare Neigung des weiblichen Teils der Bevölkerung zu Luxus in der Kleidung gesteigert und durch ein ins Kraut geschossenes Vereinswesen nicht unwesentlich gefördert. Neben Vereinen, die als Krieger-, Turn- oder Knappen- und Gesangvereine patriotische

*) In Sulzbach betrug z. B. im Jahre 1903 der Bierverbrauch 160 l auf den Kopf der Bevölkerung, in Bildstock 164 l.

Zwecke verfolgen oder das sittliche und körperliche Wohl der Vereinsmitglieder zu heben versuchen, gibt es zahlreiche andere Vereinsbildungen, die ohne erkennbare bessere Zwecke nur der Genußsucht ihrer Mitglieder Vorschub leisten. Dazu bieten die vielen Kirchweihen, Aushebungen, Veranstaltungen während des Karnevals usw. dem rheinischen Sinn der Bewohner genügend Gelegenheit, sich zu betätigen. Derartige Fälle bilden gerade keine Seltenheit, doch können sie auch nicht als Regel aufgefaßt werden. Jedenfalls soll nicht verabsäumt werden, an dieser Stelle auf diese Erscheinungen hinzuweisen.

Faßt man auf grund der vorstehend gegebenen Darstellung die gesamte wirtschaftliche Lage der bergmännischen Bevölkerung im Saarrevier zusammen, so kann man wohl behaupten, daß sie eine gesunde ist und die Grundlagen für ein gesichertes Bestehen und für ein gutes Fortkommen bei einigermaßen gutem Willen bietet. Am treffendsten wird dies durch den großen Andrang der Söhne der Bergleute zur Grubenarbeit beleuchtet, der die königliche Bergverwaltung in den Stand gesetzt hat, ohne irgend erhebliche Mühe die Belegschaft innerhalb des kurzen Zeitraumes von 1888 bis 1903 von 24 402 auf 45 000 Mann, also beinahe auf das Doppelte, zu vergrößern.

III. Das Wohnungs- und Ansiedlungswesen und die Eigentumsverhältnisse der Bergleute.

1. Schlafhäuser.

Um dem mit der steigenden Nachfrage nach Steinkohlen Hand in Hand gehenden Bedürfnis nach Arbeitskräften gerecht zu werden, entschloß sich das Königliche Bergamt, zum erstenmal in den dreißiger Jahren Schlafsäle in unmittelbarer Nähe der Gruben zu errichten, in denen die aus größeren Entfernungen zugewanderten Arbeiter ein billigeres Unterkommen fanden. Als jedoch mit dem wirtschaftlichen Aufschwunge der fünfziger Jahre große Arbeitermassen aus der Ferne nach dem Saarbezirk zusammenströmten und es der Bergverwaltung daran liegen mußte, den besseren Teil der häufig mit großen Kosten herangezogenen fremden Arbeiter dauernd auf den Gruben zu behalten, wurde es bald offenbar, daß die vorhandenen Anstalten zur Unterbringung der Mannschaften bei weitem nicht ausreichten, und daß es nur auf grund eines planmäßigen Vorgehens möglich war, genügende Gelegenheit zur Seßhaftmachung dieser Leute zu schaffen. Das nächstliegende Mittel bestand nun darin, an Stelle der recht mangelhaften Schlafsäle besser eingerichtete, geräumige Schlafhäuser zu errichten, die in Verbindung mit gut eingerichteten

Menagen den zugezogenen Arbeitern ein bequemes und gesundes Unterkommen und einen einigermaßen befriedigenden Ersatz für die fehlende Häuslichkeit bieten konnten. Diese in den fünfziger Jahren in schneller Reihenfolge errichteten und von da ab bis auf den heutigen Tag weiter ausgebauten Schlafhäuser bilden noch heute für das Wohnungswesen des Saarbrücker Bezirks einen wichtigen und charakteristischen Bestandteil. Wenn auch die eigentlich fremden Bergleute schon längst aus den Schlafhäusern ausgeschieden und dank den Bemühungen der Bergverwaltung dauernd angesiedelt sind, so haben die Schlafhäuser noch den wichtigen Zweck zu erfüllen, für die verheirateten und unverheirateten Bergleute, die in dem das Grubengebiet umgebenden Hinterlande ansässig sind, als Unterkunft zu dienen. Die genannten Bergleute kehren wegen der großen Entfernung ihres Heimatsortes nur an den Tagen vor Sonn- und Feiertagen an ihren heimatlichen Herd zurück, während sie in der Woche ein Unterkommen in einem Schlafhaus finden. Um den Bergleuten die Hin- und Rückfahrt nach Hause bezw. von Hause nach Möglichkeit zu erleichtern, werden von der Eisenbahnverwaltung an Tagen vor und nach Sonn- und Feiertagen besondere Arbeiterzüge eingelegt, welche sich dem Schluß bezw. Beginn der Schichten nach Möglichkeit anpassen.

Ähnliche Arbeiterzüge fahren übrigens auch an allen Werktagen im tunlichsten Anschluß an den Schichtenwechsel und ermöglichen einem großen Teil der außerhalb des eigentlichen Grubengebietes, aber nicht zu weit von der Bahn entfernt wohnenden Arbeiter, täglich zu ihren Familien zurückzukehren, eine Einrichtung, welche in Verbindung mit der weiter fortschreitenden Entwickelung des das Grubengebiet umspannenden Eisenbahnnetzes wesentlich dazu beiträgt, die Schlafhäuser zu entlasten und das Bedürfnis zum Bau weiterer Schlafhäuser in gewissen Grenzen zu halten.

Jeder Schlafhausbewohner erhält gegen Entrichtung einer Miete von monatlich 2 M. zur Benutzung ein Bett nebst Bettwäsche und einen verschließbaren Schrank, in dem er seine Sachen verwahren kann. In den einzelnen Schlafräumen stehen der Regel nach 7 bis 12 Betten, nur ganz ausnahmsweise mehr.

Die Betten ruhen in eisernen Bettstellen und bestehen aus je einem Strohsack, dessen Inhalt nach Bedarf erneuert wird, Bettlaken, Kissen und wollener Decke mit Bezug. Die Bettwäsche wird monatlich einmal, in einigen Schlafhäusern auch monatlich zweimal gewechselt.

Jeder Einlieger erhält wöchentlich zwei frische Handtücher.

Die Schränke werden jetzt mehrfach aus Eisenblech hergestellt, ein Verfahren, das sich gut zu bewähren scheint. Ein hölzerner Tisch und die erforderliche Anzahl hölzerner Schemel vervollständigen die Einrichtung des Zimmers.

Die Wascheinrichtungen befinden sich außerhalb der Schlafräume in besonderen großen Waschräumen, deren Fußböden mit Steinfliesen ausgelegt sind. Die Waschgefäße sind entweder aus Holz und stehen frei auf gemeinsamen hölzernen Tischen oder sie bestehen aus emailliertem Eisenblech und sind in diesem Falle in langer Reihe nebeneinander an den Wänden, seltener auf Tischen in der Mitte des Zimmers derartig befestigt, daß ihre Entleerung durch Drehung um eine wagerechte Achse oder durch Öffnung von Ventilzapfen unmittelbar in eine offene, in dem Fußboden ausgesparte Abflußrinne erfolgt, welche das gebrauchte Wasser ins Freie ablaufen läßt.

Außerdem stehen den Schlafhausbewohnern unentgeltlich gemeinsame Küchen mit großen, ununterbrochen unter Feuer gehaltenen Kochherden zur Verfügung, auf denen sie sich ihre Mahlzeiten bereiten können. Zu letzteren werden meist selbstgewonnene und von Hause mitgebrachte Lebensmittel, namentlich Feldfrüchte, Butter und dergl. verwandt. Gelegenheit zum Einkauf sonstiger Lebensmittel und erforderlicher Zutaten, z. B. von Hülsenfrüchten, Butter, Schmalz, Speck, Wurst, Salz, Gewürz, Kaffee usw., bietet sich in den Konsumvereinen, deren Verkaufsstellen zuweilen unmittelbar neben den Schlafhäusern gelegen sind, oder auch in besonderen Wirtschaften, welche im Schlafhause selbst betrieben werden und auch fertige Speisen und Getränke verabfolgen.

Auf Grube Von der Heydt besteht eine Speisegenossenschaft der Schlafhausbewohner unter eigener Verwaltung, ebenso eine solche auf Grube Heinitz für Werkstättenarbeiter. Auf Von der Heydt erhält der Arbeiter in eigenen Speisesälen ein gutes, reichliches Mittagessen für 30 Pfennig und auf Wunsch ein warmes Abendbrot. Die Küche, in welcher nebenher Bergmannstöchter Kochunterricht erhalten, liefert auch morgens und mittags den Kaffee. Etwaige Überschüsse kommen den Schlafhausbewohnern durch zeitweilige unentgeltliche Beköstigung wieder zugute.

Seit dem Ausstande im Jahre 1889 sind die Schlafhausbewohner nicht mehr zur Bildung von Speisegenossenschaften unter eigener Menage zu bewegen, wie auch der Versuch, nur kräftige Lebensmittel auf Staatskosten zu beschaffen, die Zubereitung aber den Arbeitern zu überlassen, gescheitert ist.

Gelegenheit zur Erholung und einigen Ersatz für das fehlende Familienleben bieten stellenweise mit den Schlafhäusern verbundene Anlagen, Kegelbahnen, Turnplätze, Lesesäle usw. Auch die Arbeiterbüchereien werden den Schlafhauseinliegern besonders leicht zugänglich gemacht und sind mehrfach in den Schlafhäusern selbst untergebracht.

Zuweilen sind auch besondere Handwerksstuben mit Schnitzelbank, Hobelbank, Drehbank usw. hergerichtet, in welchen sich die Einlieger ihr Gezähe selbst in Ordnung bringen können.

Die Heizung, Beleuchtung und Reinigung der Schlafhäuser erfolgt selbstverständlich durchweg auf Kosten der Werksverwaltung.

Die Aufsicht über den ganzen Betrieb eines Schlafhauses liegt einem Schlafhausmeister ob. Diesem wiederum sind die für jeden Schlafsaal ernannten Stubenältesten verantwortlich. Auch das Waschen der Bettwäsche ist meistens dem Schlafhausmeister vertragsmäßig gegen eine angemessene Entschädigung übertragen worden. Zur Aufrechterhaltung der Ordnung und Reinlichkeit ist eine besondere Hausordnung durch die Königl. Bergwerksdirektion erlassen.

Im ganzen Bezirke waren im September 1903 29 Schlafhäuser mit 4755 Betten vorhanden. Davon entfielen auf

Tabelle 1.

Berginspektion	Anzahl der Schlafhäuser	Zahl der Betten		Zahl der Schlafhausinsassen	Dagegen 1900 Zahl der Schlafhausinsassen
		vorhanden	belegt		
Gerhard	2	310	287	287	315
Von der Heydt	3	312	235	235	231
Dudweiler	9	1171	1158	1158	903
Sulzbach	4	760	470	470	411
Reden	3	627	623	623	498
Heinitz	3	926	926	926	807
König	2	249	247	247	203
Friedrichsthal	3	400	400	400	400
Summe	29	4755	4346	4346	3768

Nur bei den am äußeren Rande des Bergwerksbezirks gelegenen Gruben Kronprinz, Camphausen und Göttelborn stehen zur Zeit keine Schlafhäuser in Benutzung.

Ein großer Teil der Schlafhäuser, nämlich 15 mit zusammen 2200 Betten, ist nach dem früher üblich gewesenen Verfahren eingeschossig gebaut, während die übrigen zweigeschossig sind. Das erst im Jahre 1901 erbaute Schlafhaus in Dudweiler hat dem bergigen Gelände entsprechend auf der einen Seite ein, auf der andern Seite zwei Geschosse erhalten.

Obwohl die Bauart der einzelnen Schlafhäuser manche Verschiedenheit aufweist, ist die Anordnung der Räume im Innern fast überall dieselbe. Die langgestreckten, ringsum freistehenden Gebäude sind meistens an den Giebelenden zu kurzen Flügeln verbreitert. Auch der in der Mitte der Vorderseite liegende Haupteingang ist häufig architektonisch hervorgehoben. Nebeneingänge befinden sich in der Mitte der beiden Giebelseiten. Die Schlafräume liegen zu beiden Seiten des durch das ganze Gebäude von Giebel zu Giebel führenden Mittelganges, welcher auch bei zweigeschossigen Häusern durch Oberlicht erleuchtet wird. Küche und Waschraum finden ihren Platz unmittelbar neben den Seiteneingängen. Vielfach sind dort auch besondere Zimmer mit großen Öfen oder Dampfheizung zum Trocknen nasser Kleider vorgesehen. Die Aborte liegen gegenüber dem Haupteingang an der Hinterseite des Gebäudes entweder in einem mit dem letzteren durch einen überdeckten Gang verbundenen Vorbau oder in einem besonderen Gebäude. Die Bodenräume dienen meistens zum Wäschetrocknen. (Nur ausnahmsweise, auf Grube Gerhard, ist zu diesem Zwecke auf der abseits liegenden Waschküche ein besonderer fünfgeschossiger Trockenspeicher errichtet).

Nur ein Teil der Schlafhäuser ist unterkellert. In den Kellern werden dann den Arbeitern vielfach noch verschließbare Kisten zur Aufbewahrung ihrer Kartoffelvorräte zur Verfügung gestellt.

Hier und da werden in den Schlafhäusern auch einzelne Räume als Schulräume für Kinderbewahranstalten, Fortbildungsschulen und dergl. benutzt.

Das neueste, nach einheitlichen Grundsätzen erbaute Schlafhaus ist dasjenige auf Grube Sulzbach. Es ist zweistöckig, unterkellert und zur Aufnahme von 324 Bergleuten bestimmt.*)

Der Zudrang zu den Schlafhäusern ist meistens sehr stark. Von den vorhandenen 4755 Betten sind im Durchschnitt rund 4350 regelmäßig belegt.

Für Erbauung der Schlafhäuser und zum Erwerb des erforderlichen Grund und Bodens, soweit derselbe nicht lediglich angepachtet worden ist, wurden bisher im ganzen 1 994 251 M. verausgabt. An Unterhaltungskosten ist im Etatsjahr 1902 eine Ausgabe von 205 087 M. entstanden.

Nach Abzug der von den Schlafhausbewohnern zu entrichtenden Mietsentschädigung erfordert das gesamte Schlafhauswesen des Bezirks zur Zeit jährlich, ohne Berücksichtigung der Verzinsung und Tilgung des Baukapitals, einen Barzuschuß von rund 104 500 M. bezw. einen Gesamtzuschuß von mehr als 174 300 M.

2. Das Saarbrücker Prämien- und Darlehnsverfahren.

Die Errichtung von Schlafhäusern war wohl geeignet, dem dringendsten Arbeitermangel abzuhelfen, sie bildete jedoch nur einen Schritt in der weitblickenden Fürsorge der preußischen Bergverwaltung, der es darauf ankommen mußte, den zugewanderten Fremden dauernd an die Scholle zu fesseln. Es ist das Verdienst des dahingeschiedenen Bergamtsdirektors

*) S. auch „Wohlfahrtseinrichtungen für die Arbeiter auf den Gruben der Königlichen Bergwerksdirektion zu Saarbrücken." Festschrift für die Weltausstellung zu St. Louis 1904.

Sello, in einer Denkschrift vom 26. November 1841 zur Beförderung der Ansiedelung bereits die Grundzüge des jetzt noch geltenden Prämien- und Darlehnssystems aufgestellt haben. Die von ihm gemachten Vorschläge gingen dahin,

1. eine Prämie von 25 bis 40 Talern für jeden Bergmann, der sich ein neues Haus in der Nähe der Steinkohlengruben des Saarbrücker Bergwerksbezirks namentlich der Gruben Gerhard, Sulzbach, Altenwald, König, Wellesweiler nach einem vom Bergamt gebilligten Plan baut, zu bewilligen und
2. ein Darlehn von 100 bis 150 Talern, verzinslich zu 4 v. H., aus der Knappschaftskasse gegen Handschrift und Bürgschaft und gegen Verpfändung des Hauses, rückzahlbar durch monatliche Lohnabzüge von 1 bis 2 Talern, zu gewähren.

Der Bergmann sollte dafür den Bauplatz an einem den Interessen der Gruben dienenden Punkte erwerben und sein Haus nach eigenem Wunsche errichten. Unter Berücksichtigung des Umstandes, daß der Private billiger baut als der Staat, glaubte man zunächst für das Opfer von 4000 Talern 100 Bergmannswohnungen erhalten zu können, in denen 100 Bergleute als Hauseigentümer mit ihren Familien und ebensoviele Bergleute als Mieter wohnten.

Das waren die Grundgedanken des Ansiedlungsplanes, wie er in Oberschlesien verwirklicht war und nun durch den Erlaß des Finanzministers von 24. Januar 1842 auch für den Saarbezirk ausgeführt wurde.

Das Vorgehen der Bergverwaltung fand bei der Belegschaft großen Beifall, und schon im Jahre 1842 wurden an 97 Bergleute Darlehen und Prämien verteilt. Bedingung für die Gewährung derselben war der Nachweis des schuldenfreien Besitzes eines Bauplatzes. Solche waren in den stark bewaldeten und hügeligen Geländen des Sulzbachtales schwerer zu erhalten als auf den westlichen Saargruben, wo sich bald eine rege Bautätigkeit entfaltete. Deshalb mußte die Baulust durch gesteigerte Prämiensätze und die Bewilligung größerer Darlehen wiederholt (Erlaß des Ministers für Handel, Gewerbe und öffentl. Arbeiten vom 12. Januar 1854, 13. Dezember 1854, 8. Juli 1855, 16. Januar 1858) erhöht werden.

Auch benutzte der Bergfiskus jede Gelegenheit zum Erwerb von Ländereien aus Geldern der Knappschaftskasse, um sie dann zum Selbstkostenpreis wieder zu verkaufen. Dem einzelnen Bergmann war es schwer, geeignetes Land zu erwerben, weil die Gruben, wie bemerkt, meist von großen Staatswaldungen umgeben waren. Aber selbst dem Bergfiskus gegenüber machte die Forstverwaltung große Schwierigkeiten. Sie fürchtete für den Bestand der Forsten, die durch die Ansiedelung schwer leiden müßten, besonders wenn in Zeiten des Niedergangs die Bergarbeiter beschäftigungslos würden.

Als Grund, die Abtretung von Waldflächen zu Ansiedlungszwecken abzuschlagen, mußte eine längst veraltete Bestimmung des Artikels 18, Titel 27 der Ordonnance sur le fait des eaux et forêts vom August 1669 und des Paragraphen 1 der Verordnung der Kaiserlich Oesterreichischen und Königlich Bayerischen gemeinschaftlichen Landesadministrationskommission vom 21. Januar 1815 herhalten, wonach jede Ansiedlung innerhalb einer Entfernung von 1000 m im Umkreis des Waldrandes der besonderen forstpolizeilichen Genehmigung bedurfte. Vergeblich strebte die Bergverwaltung danach, auf gesetzlichem Wege die Aufhebung dieser Bestimmung herbeizuführen, kraft der sogar einzelne Ansiedler, die sich in innerhalb der 1000 m liegenden Ortschaften niedergelassen hatten, schon zur Aufgabe ihrer Anwesen gezwungen worden waren. Erst nach langen Bemühungen wurde die Außerkraftsetzung dieser Forstordnung durch einen Ministerialerlaß des Jahres 1868 erreicht.

So erklärt sich die geringe Auswahl an geeigneten Bauflächen und die infolgedessen hervorgerufene Preissteigerung des zur Verfügung stehenden Grund und Bodens.

In den Verhandlungen vom 14. Dezember 1855 und 21. Februar 1856 gelang es nach langem Bemühen, den Umtausch von 600 Morgen in der Nähe der Gruben gelegenen Forstlandes gegen die von der Knappschaftskasse angekauften Güter Neuhäuserhof und Warentshof zu bewirken.

Es wurden abgetreten:

bei der Grube Sulzbach-Altenwald	Seitersgräben	40 Morgen,
„ „ „ Jägersfreude	Herrensohr	110 „
„ „ „ Gerhard	Altenkessel	93 „
„ „ „ Heinitz	Elversberg	116 „
„ „ „ Von der Heydt	Buchenschachen	113 „
„ „ „ Reden	Heiligenwald	128 „
		600 Morgen.

Besondere Schwierigkeiten hatten bei diesen Tauschverhandlungen die vielen auf den Waldflächen ruhenden Servituten gemacht, deren Ablösung von den Gemeinden nicht ohne weiteres zugegeben, aber schließlich doch in der Weise geregelt wurde, daß die ärmere Bevölkerung gegen eine geringe Anerkennungsgebühr das Recht behielt, in andern Forsten die früheren Nutzungen auszuüben. Noch im gleichen Jahre gab das Bergamt die Bedingungen bekannt, unter welchen die neugewonnenen Bauplätze unter die Belegschaft verteilt wurden.

Somit war die Frage des Landerwerbs zu einem vorläufigen Abschluß gekommen, dafür tauchten aber zwei neue Fragen auf:

1. Sollte das Bauland so verteilt werden, daß einzelne Anwesen entstanden oder gleichmäßige Häuserreihen?
2. Sollten im letzteren Falle die Ansiedlungen einer bestehenden politischen Gemeinde angegliedert werden oder sollten sie eigene Gemeinden bilden?

Größtenteils wurde das Land so zerlegt, daß das Pachtland gleich beim Hause verblieb, weil die Bestellung von Acker und Garten dadurch erleichtert und auch die Feuersgefahr verringert wurde, vielfach wird auch die Geländebeschaffenheit für die Art der Ansiedlung maßgebend gewesen sein. Auch wo die Ansiedlungen nicht Haus an Haus standen, bekamen sie bald im Volksmund die Bezeichnung Kolonien, während man in anderen Bezirken gewöhnlich unter Kolonien nur solche Ansiedlungen versteht, bei welchen die Häuser nach einem Plane in gleichmäßiger Reihe gebaut, d. h. also gewöhnlich vom Arbeitgeber errichtete Miethäuser sind.

Die Gemeinden sträubten sich aus leicht erklärlichen Gründen gegen die Aufnahme von Lohnarbeitern, da diese, meist arm, an den Segnungen der Gemeinden, wie Schule und Kirche teilnahmen, die Gemeindelasten aber nur unvollkommen neben der Rückzahlung der Baudarlehne tragen halfen. Außerdem war wohl das einzelne Gemeindemitglied in der Lage Gewinn aus dem entstehenden Bergbau zu ziehen, nicht aber bei der damaligen Steuergesetzgebung die Gemeinde als solche. Andererseits war die Abneigung der Gemeinden doch auch in dem hervorgetretenen Maße unbegründet, da der Wohlstand der Gegend sich hob und die Knappschaft bei etwa fortfallendem Verdienst für die Zuzügler einzutreten hatte und letztere mithin der Armenverpflegung nicht zur Last fallen konnten. Im allgemeinen wurde nach langwierigen Verhandlungen die Frage der Aufnahme der neuen Ansiedlungen in einer im Auftrage des Handelsministers unter Vorsitz des Oberpräsidenten von Kleist-Retzow im Mai 1858 abgehaltenen Beratung dadurch gelöst, daß besondere Gemeindeeinkommensteuerregulative auf grund der Artikel 7 und 8 der Novelle zur Landgemeindeordnung vom 15. Mai 1858 in den Gemeinden mit bergbaulichen Anlagen eingeführt und somit den Gemeinden eine Handhabe zur Besteuerung gewährt wurde. Der Bergfiskus zahlte die nach der Gesetzordnung vom 11. März 1850 erforderlichen Einzugsgelder und begründete damit den Wohnsitz der Neuzugezogenen in den vorhandenen Gemeinden. Gegenwärtig bestehen nur die eine Kolonie Elversberg, die auch politisch eine Gemeinde für sich bildet, und mehrere Kolonien, die in der Bildung einer eigenen Gemeinde begriffen sind.

In den 10 folgenden Jahren, bis 1865, fand die Besiedelung der erworbenen Ländereien statt. Man suchte die Bautätigkeit durch Gewährung von Vorschüssen auf Prämien zu steigern, die Bauenden zur Sparsamkeit zu erziehen, sie durch die Werkmeister zu unterstützen und vor Übervorteilungen durch Unternehmer zu schützen. Im Jahre 1865 trat eine wesentliche Veränderung im bisherigen Verfahren ein. Die besseren Bauplätze in den Kolonien waren vergriffen, die Bodenpreise stiegen besonders nach Fertigstellung des Saarkanals immer höher, und die in den Sommermonaten nicht zu vermeidenden Feierschichten und Beurlaubungen trugen auch nicht dazu bei, bei den Arbeitern die Lust zur dauernden Ansiedlung zu erhalten. Um diesem Übelstande zu begegnen, wurden jetzt neben den verzinslichen Darlehen aus der Knappschaftskasse, die noch bis zum Jahre 1870 zur Auszahlung kamen, unverzinsliche, mit $12^1/_2$ v. H. jährlich zurückzahlbare Vorschüsse aus der Staatskasse bis zum Betrage von 400 Talern gewährt und Baurayons auf Vorschlag der einzelnen Berginspektionen festgesetzt, sodaß die baulustigen Bergleute nicht mehr auf die knappschaftlichen Ländereien angewiesen waren. Im Jahre 1873 fand die letzte Erhöhung der Darlehen auf 500 Taler statt, welcher Betrag bis zum Jahre 1903 beibehalten wurde. Erst im Etat für 1904 sind die zinsfreien Darlehne für Saarbrücken auf 2100 Mark erhöht worden.

Die Bedingungen für die Gewährung von Vorschüssen und Prämien wurden neu festgesetzt, und es wurde die Beschaffenheit des zu erbauenden Hauses, sowie der Gang des Verfahrens zur Erlangung von Prämien neu geregelt. Die darüber erlassenen Bestimmungen wurden mehrfach abgeändert. Jetzt gelten die Vorschriften vom 1. Februar 1894. Danach gestalten sich die Bedingungen für die Gewährung der Beihilfe sowie der Gang des Verfahrens wie folgt:

a) Bedingungen für die Gewährung der Beihilfe.

Die Zulassung zur Bewerbung wird von vornherein von der Erfüllung gewisser Voraussetzungen abhängig gemacht.

Damit die Wohltat tatsächlich nur denjenigen Bergleuten zugute kommt, an deren Ansiedlung dem Staate als Werksbesitzer gelegen ist, werden natürlich nur aktive Bergleute berücksichtigt. Die Bewerber müssen sich gut geführt haben, sie müssen Familie — Frau bezw. Kinder — besitzen, müssen ihrer Militärpflicht genügt, das 25. Lebensjahr bereits erreicht, aber das 40. noch nicht überschritten haben. Ihr Gesundheitszustand muß derartig sein, daß er den Eintritt baldiger Invalidität nicht erwarten läßt. Sie dürfen ferner nicht bereits ein anderes Haus besitzen, insbesondere auch nicht mit einer Hausbauprämie schon früher einmal bedacht worden sein.

Die Wahl des Bauplatzes steht zwar den Bewerbern im allgemeinen frei, sie muß aber selbstverständlich auf solche Landflächen beschränkt bleiben, welche zum eigentlichen Grubenbezirke gehören oder welche sonst ihrer günstigen Lage oder günstiger Wegeverbindungen wegen als Wohnsitz für Werksarbeiter inbetracht kommen können. Von diesen Gesichtspunkten aus sind bestimmt umgrenzte Baubezirke (Baurayons) gebildet, in welchen die Bauplätze jedenfalls liegen müssen. Aber auch innerhalb dieser Bezirke dürfen die Gebäude nur an solchen Stellen errichtet werden, auf welchen sie für den Grubenbetrieb nicht in irgend einer Weise störend werden können.

Voraussetzung für die Bewerbung um Bauprämien usw. ist daher auch der Nachweis über den Besitz eines hiernach geeigneten, durch Hypotheken nicht belasteten Bauplatzes.

Damit das mit staatlicher Beihilfe zu erbauende Haus seiner Beschaffenheit nach auch geeignet ist, seinen Zweck in richtiger Weise zu erfüllen, und damit es möglichst lange seinen Zweckbestimmungen erhalten bleibt, hat sich sodann der Baulustige noch ausdrücklich einer Reihe von Vorschriften zu unterwerfen, die ihm in Form eines kleinen Druckheftes mitgeteilt werden und die Grundlage eines besonderen zwischen Werksverwaltung und Arbeiter abzuschließenden Vertrages bilden.

In technischer Hinsicht bestimmen diese Vorschriften folgendes:

Das Haus muß einschließlich der Umfassungsmauern mindestens 40 qm Grundfläche und außer der Küche noch drei bewohnbare Räume haben, sowie in diesen vier Räumen wenigstens 32 qm Grundfläche erhalten. Es muß ferner aus gutem, dauerhaftem Material und in guter Bauweise ausgeführt, sowie innerhalb eines Jahres, von der aufzunehmenden Prämienobligation an gerechnet, vollendet werden. Der Fußboden eines jeden Wohnraumes muß mindestens 45 cm über dem umgebenden Gelände liegen, und letzteres vom Hause ab nach allen Richtungen abfallen. Umfassungsmauern von Wohnräumen im Kellergeschoß, welche an Erde oder Fels stoßen und nicht 45 cm unter dem Fußboden frei liegen können, müssen im Innern mit einer 10 cm starken Backsteinverblendung mit 5 cm Luftschicht ausgeführt werden. Diese Luftschicht muß mit der Atmosphäre in Verbindung stehen und 45 cm unter den Fußboden reichen. Dächer, welche nicht einen Vorsprung von mindestens 60 cm vor der Mauerflucht haben, sind mit Dachrinnen und Abfallröhren zu versehen.

Weitere Vorschriften bleiben für den einzelnen Fall der vorgesetzten Berginspektion vorbehalten.

Sodann muß jedes Haus, auf welches eine Prämie gewährt worden ist, nach seiner Vollendung zu seinem wahren Bauwerte bei der Rheinischen Provinzialfeuersozietät gegen Feuerschaden versichert und die Versicherung bis zum Ablauf der 10jährigen Schutzfrist durch pünktliche Entrichtung der Beiträge erhalten werden.

Im Unterlassungsfalle bewirkt die Grubenkasse die Versicherung auf Kosten des betreffenden Hausbesitzers.

Diejenigen Bergleute, welche zur Erbauung eines Hauses eine Prämie erhalten haben, müssen sich endlich verpflichten, dasselbe während 10 Jahren, vom Empfange der Prämie an gerechnet, selbst zu bewohnen und die von ihnen etwa nicht benutzten Räumlichkeiten nur an Bergarbeiter im aktiven Dienste der königlichen Steinkohlengruben zu vermieten.

Sollten Umstände eintreten, welche die Veräußerung des Hauses wünschenswert oder notwendig machen, so darf diese Veräußerung während des angegebenen Zeitraumes nur an einen Bergmann im aktiven Dienste der königlichen Gruben und nur mit Zustimmung der Bergwerksdirektion hinsichtlich der Persönlichkeit des Erwerbers erfolgen.

Das Haus darf an den Ankäufer nur unter denselben Bedingungen und Verpflichtungen, unter denen es der Verkäufer besessen hat, übertragen werden.

Ferner dürfen während 10 Jahren, vom Empfange der Prämie an gerechnet, Gast- oder Schankwirtschaften, sowie offene Ladengeschäfte in den Prämienhäusern nicht eröffnet werden. Ausnahmen hiervon sind nur mit ausdrücklicher Genehmigung der Bergwerksdirektion gestattet.

Im Falle der Zuwiderhandlung gegen diese Vorschriften oder wenn sonst, z. B. durch freiwilliges Verlassen der Grubenarbeit oder durch Begehen eines Disziplinarvergehens oder eines gemeinen Verbrechens oder eines Vergehens, welches die Ablegung des Prämienempfängers auf immer nach sich zieht, das Haus der Zweckbestimmung der Prämie, es 10 Jahre als Bergmannswohnung zu erhalten, entzogen wird, kann die gezahlte Prämie sofort von den Empfängern derselben bezw. deren Erben und Rechtsnachfolgern zurückgefordert werden. Dasselbe gilt von der Bauprämie.

Eine Ausnahme tritt nur ein im Falle des Todes des Prämienempfängers oder im Falle seiner unverschuldeten Invalidisierung. Die Verpflichtung, das Haus nicht anders als an einen Bergmann der königlichen Gruben zu vermieten oder zu verkaufen, bleibt jedoch auch in diesen Fällen bestehen.

Die Höhe der Bauprämie richtet sich nach der Größe der bewohnbaren Räume und zwar beträgt sie bei

32	bis	34,9	Quadratmeter	750 M.,
35	»	37,9	»	765 »,
38	»	40,9	»	780 »,
41	»	43,9	»	795 »,
44	»	46,9	»	810 »,
47	»	49,9	»	825 »,

50	bis	53,9	Quadratmeter	840	M.,
54	»	57,9	»	855	»,
58	»	61,9	»	870	»,
62	»	65,9	»	885	»,
66	und	darüber	»	900	».

Hausflur, Speicher, Dachkammer, Keller und Stall werden hierbei nicht berücksichtigt.

Das Baudarlehen wird erst nach Beginn des Baues dem Fortschreiten entsprechend in Teilbeträgen ausbezahlt. (Auch Teilbeträge der Prämien können vorschußweise vorher bezahlt werden.) Sobald die Auszahlung des Darlehens beendet ist, muß seine allmähliche Rückzahlung beginnen und zwar soll diese in Raten von monatlich 3 bis 15 M. geschehen, muß aber jährlich mindestens 10 v. H. des ganzen Darlehens ausmachen.

Für alle Fälle übernimmt der Darlehnsempfänger vertragsmäßig die ausdrückliche Verpflichtung, sich monatlich von seinem verdienten Arbeitslohn bei der Hauptlohnung entsprechende Abzüge machen zu lassen. Wenn die vorgeschriebene Rückzahlung trotzdem nicht rechtzeitig erfolgt, sind Darlehen und Prämie ohne vorherige Kündigung sofort zurückforderbar.

b) Gang des Verfahrens.

Die Bereitstellung der Geldmittel erfolgt alljährlich besonders durch den Staatshaushaltsetat unter möglichster Berücksichtigung des jeweiligen Bedürfnisses. Der Bergwerksdirektion wird hiernach jedes Jahr eine bestimmte Summe für Gewährung unverzinslicher Bauvorschüsse und eine andere bestimmte Summe für Gewährung von Bauprämien überwiesen. Beide Summen sind meistens, aber nicht immer, für ein und dieselbe Anzahl von Häusern bemessen.

Die Meldung der sich bewerbenden Bergleute hat in jedem Jahre innerhalb einer vorgeschriebenen Frist — der Regel nach schon 2 bis 3 Monate vor Feststellung des Etats — bei der ihnen vorgesetzten Berginspektion zu geschehen. Sie gewährt an sich noch keinerlei Ansprüche. Über die Bewilligung entscheidet vielmehr erst die Bergwerksdirektion. Da fast immer die Zahl der Bewerber, welche die vorgeschriebenen Voraussetzungen erfüllen, bei weitem größer ist als die Zahl der verfügbaren Darlehen und Prämien, so läßt man unter den zugelassenen Bewerbern das Los entscheiden. Gleichzeitig werden durch Los Ersatzmänner bestimmt, welche nach einer festen Reihenfolge eintreten, wenn aus irgend welchen Gründen ein Gewinner nachträglich wieder ausscheidet.

Wer bei der Prämienverteilung in dieser Weise mit einem Gewinn bedacht ist, hat zunächst durch Unterzeichnung eines vorgedruckten Reverses ausdrücklich anzuerkennen,

> „daß er, falls die Königliche Bergwerksdirektion ihm Vorschuß bezw. eine Prämie zur Erbauung eines Hauses gewähren sollte, verpflichtet sei, während 10 Jahren, vom Empfang der Prämie an gerechnet, das zu erbauende Haus lediglich als Wohnhaus für sich und seine Familie zu verwenden, und daß es ihm namentlich ausdrücklich untersagt sei, in dem Hause eine Gast- oder Schenkwirtschaft oder ein offenes Ladengeschäft zu eröffnen, sowie daß Zuwiderhandlungen gegen diese Vorschrift die sofortige Zurückforderung des Vorschusses und der Prämie zur Folge haben würden.“

Nachdem hierauf der schon erwähnte förmliche Vertrag abgeschlossen ist, hat der Darlehensempfänger die Eintragung der dem Bergfiskus eingeräumten Vorrechte in das Grundbuch zu bewirken.

Dabei wird eingetragen

a) das unverzinsliche Darlehen von 1500 Mark als Hypothek,
b) zur Sicherung des im Vertrage vereinbarten Rechtes auf Rückforderung der Bauprämie eine Sicherungshypothek von 900 Mark mit den vereinbarten Rückzahlungs- und Fälligkeits-Bedingungen zur ersten Stelle und zwar die Sicherungshypothek mit dem Vorrang vor der Darlehnshypothek.

Auf die Ausfertigung eines Hypothekenbriefes wird zur Ersparung der Kosten der Regel nach verzichtet.

Erst nachdem der Bergwerksdirektion von dem betreffenden Grundbuchamte die Benachrichtigung über richtige Eintragung dieser Hypotheken zugegangen ist, wird die Berginspektion zur Zahlung des Vorschusses an den Berechtigten angewiesen. Zugleich wird der Königliche Bauwerkmeister der betreffenden Berginspektion von den Namen der mit Prämien bedachten Bergleute in Kenntnis gesetzt und beauftragt, den Genannten mit Rat und Tat zur Hand zu gehen und den Bau hinsichtlich des Einhaltens der Vorschriften zu überwachen.

Der Regel nach fertigt auch der Bauwerkmeister — mit Genehmigung der ihm vorgesetzten Behörde und gegen eine ganz geringe Entschädigung — den besonderen Wünschen des Baulustigen entsprechend den Bauplan an. Er verhandelt im Namen des Bauenden mit den Bauhandwerkern, sorgt für sachgemäße Ausführung der Arbeiten und vermittelt mit Hilfe seiner reicheren Erfahrung die Anlieferung der geeignetsten Baumaterialien aus den besten hier in Frage kommenden Quellen.

Er bescheinigt die Fortschritte des Baues und schlägt die Teilbeträge vor, welche von dem Darlehen ausgezahlt werden können. Diese Teilzahlungen erfolgen dann der Regel nach nicht unmittelbar an den bauenden Bergmann selbst, sondern in dessen Gegenwart und gegen dessen Quittung sofort an die Bauhandwerker und die Lieferanten der Baumaterialien.

Dem Bauwerkmeister liegt schließlich auch die Abnahme des fertigen Baues ob. Er ermittelt hierbei in einer besonderen, durch Handzeichnung zu erläuternden Verhandlung den Flächeninhalt der bewohnbaren Räume, welcher, wie schon erwähnt, für die Höhe der Prämie maßgebend ist.

Sobald der Nachweis der erfolgten Feuerversicherung des neuen Gebäudes erfolgt ist, kann dann die hiernach berechnete Prämie bezw. deren Restbetrag ausbezahlt werden.

Damit findet die Leistung des Staates ihren Abschluß.

Der Bergwerksdirektion verbleibt dann nur noch die Aufgabe, die richtige Rückzahlung der Vorschüsse zu überwachen. Die letzteren fließen unmittelbar an die Generalstaatskasse zurück.

Ist die Rückzahlung beendet und die 10jährige Schutzfrist abgelaufen, so wird der Vertrag, sowie auch die Schuldurkunde, falls eine solche neben dem Vertrag aufgestellt war, zurückgegeben und die Löschung der Hypothek bewilligt.

Die Art und Weise der Prämienzahlung bringt es mit sich, daß von dem zulässigen Höchstbetrage von 900 Mark bei einzelnen Häusern mehr oder weniger erspart wird. Aus diesen Ersparnissen werden im Laufe eines jeden Jahres an baulustige Bergleute noch ein oder mehrere überzählige Prämien ohne Darlehen gewährt. Hieraus erklärt es sich, daß die Gesamtzahl der geleisteten Prämien größer ist als diejenige der Darlehen.

c) Ausführung der Bergmannsprämienhäuser.

Während bis zur Mitte der siebziger Jahre des vorigen Jahrhunderts die Bergmannsprämienhäuser häufig ein Bild eintöniger Einfachheit und Bedürfnislosigkeit der Bewohner boten, beginnt mit diesem Zeitpunkt ein Umschwung in der Bauweise. Die Forderungen der Gesundheitspflege nach mehr Licht und mehr Raum, die Fortschritte der Technik inbezug auf die Anwendung des Eisens und die Vorkehrungen gegen die aufsteigende Erdfeuchtigkeit, die Vorschriften über die Feuersicherheit der Gebäude und die gesundheitspolizeilichen Bestimmungen über die Anlage der Aborte und Dungstätten fangen nach und nach an, ihren Einfluß geltend zu machen. Mit dem Steigen des Verdienstes und der Besserung der Lebenshaltung, mit dem allgemeinen Aufschwunge der Bergmannsdörfer und ihrer stadtähnlichen Ausgestaltung betätigt sich auch bei dem baulustigen Bergmann der Wunsch, im eigenen Heim mindestens ebenso angenehm und bequem zu wohnen, wie in dem von Privaten erbauten Miethause. Die in den späteren Jahren erbauten Bergmannsprämienhäuser bieten daher kein eintöniges oder schablonenhaftes Bild dar, sondern machen auf den Beschauer durch Vielgestaltigkeit und gefälliges Äußere, durch große helle Fenster mit Rolläden, geschmackvolle Ausführung der Dachfenster und Klempnerarbeiten einen wohltuenden Eindruck.

Die Erbauer der Prämienhäuser legen den größten Wert darauf, zur Erlangung einer hohen Prämie den Flächeninhalt der bewohnbaren Räume möglichst groß zu machen und, wenn auch weitaus die meisten Gebäude als Einfamilienhäuser erbaut werden, so ist doch ein nicht geringer Teil der Besitzer, namentlich während der Zeit der Darlehnsabtragung, darauf bedacht, einzelne Teile des Hauses zu vermieten. Andere wieder bauen von vornherein mit der Absicht, Mieter zu nehmen, und aus diesen beiden Gesichtspunkten entwickeln sich zwei in nachstehendem beschriebene und in Fig. 2 und 3 dargestellte Typen.

Bergmannsprämienhaus des Königlichen Steinkohlenbergwerks Gerhard. (Fig. 2.) Die Lage der Baustelle gestattet den Eingang von der Giebelseite aus, das Gelände fällt nach der Hinterseite ab. Über eine kleine Treppe, deren Vorplatz durch Vordach und Brüstung gegen Unwetter geschützt ist, gelangt man zur Haustür und durch diese in den Vorflur mit anstoßendem Treppenraum, der den Zugang zum Keller- und Dachgeschoß vermittelt. Das Erdgeschoß enthält eine abgeschlossene Wohnung, bestehend aus einem kleinen Flur, der Küche und 3 Zimmern, das Dachgeschoß eine Stube mit gerader Decke und anstoßender Kammer nebst dem Speicherraum; das Kellergeschoß enthält einen Stall, Wasch- und Futterküche sowie 2 Vorratskeller für Gemüse und Brennmaterial. Der Abort steht frei, außerhalb des Hauses.

Der Flächeninhalt der Wohnräume beträgt im Erdgeschoß 48,6 qm, im Dachgeschoß 12,8 qm, zusammen 61,4 qm; der umbaute Raum umfaßt bei einer lichten Höhe von 3,10 m im Erdgeschoß 150,6 cbm und bei einer solchen von 2,30 m im Dachgeschoß 29,4 cbm, zusammen 180,0 cbm. Die Kosten eines solchen Einfamilienhauses schwanken je nach Größe und Art der Ausführung zwischen 4800 bis 5400 M.

Bergmannsprämienhaus des Königlichen Steinkohlenbergwerks König. (Fig. 3.) Die Haustür liegt in der Mitte der Straßenseite, dahinter der Flur mit der Speichertreppe, darunter die Kellertreppe, durch einen Verschlag verborgen. Im Erdgeschoß befinden sich geradeaus die Küche und rundherum die 4 Zimmer, im Dachgeschoß 2 Giebelstuben mit teilweise geraden Decken und ein großer Speicher, im Kellergeschoß Waschküche und Geräteraum, Stall und Vorratskeller.

Die Grundrißanordnung ermöglicht mit Leichtigkeit die Teilung der Gesamträume in eine Dach- und zwei Erdgeschoßwohnungen.

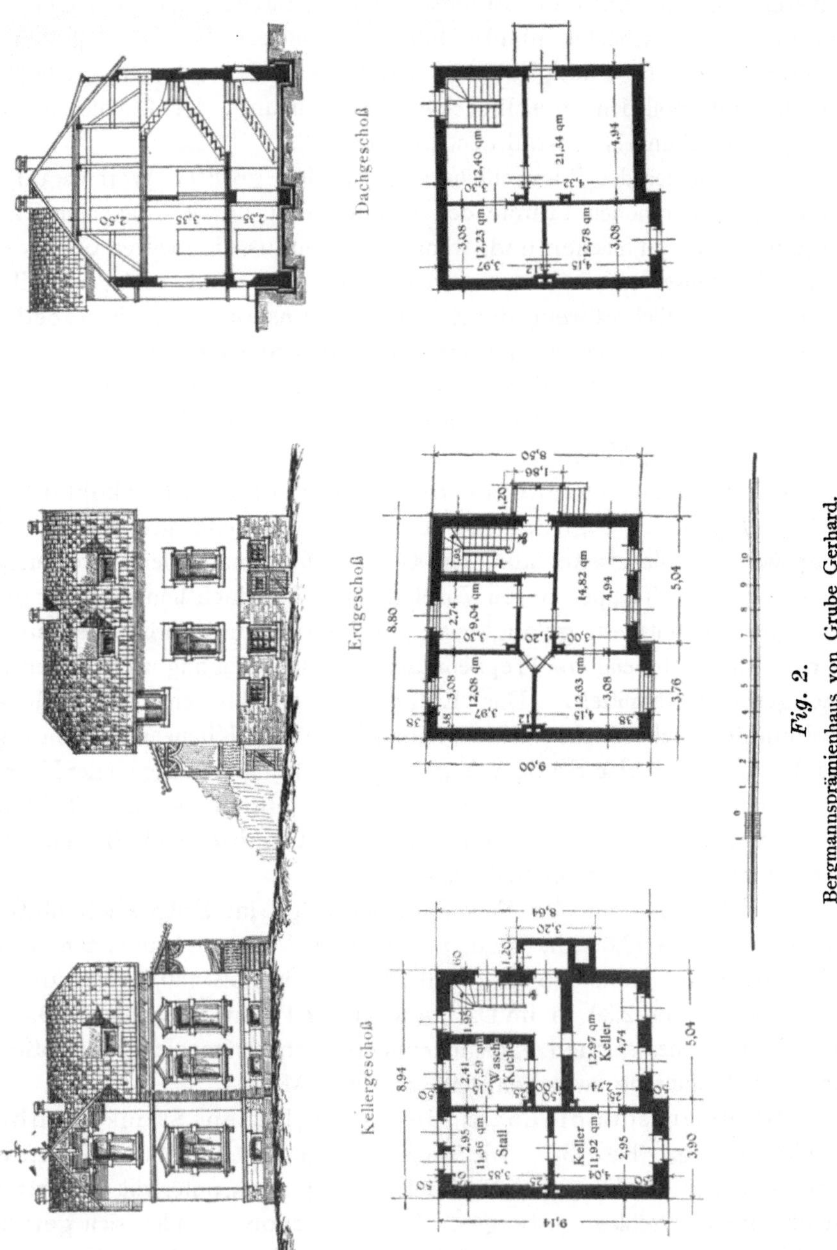

Fig. 2.
Bergmannsprämienhaus von Grube Gerhard.

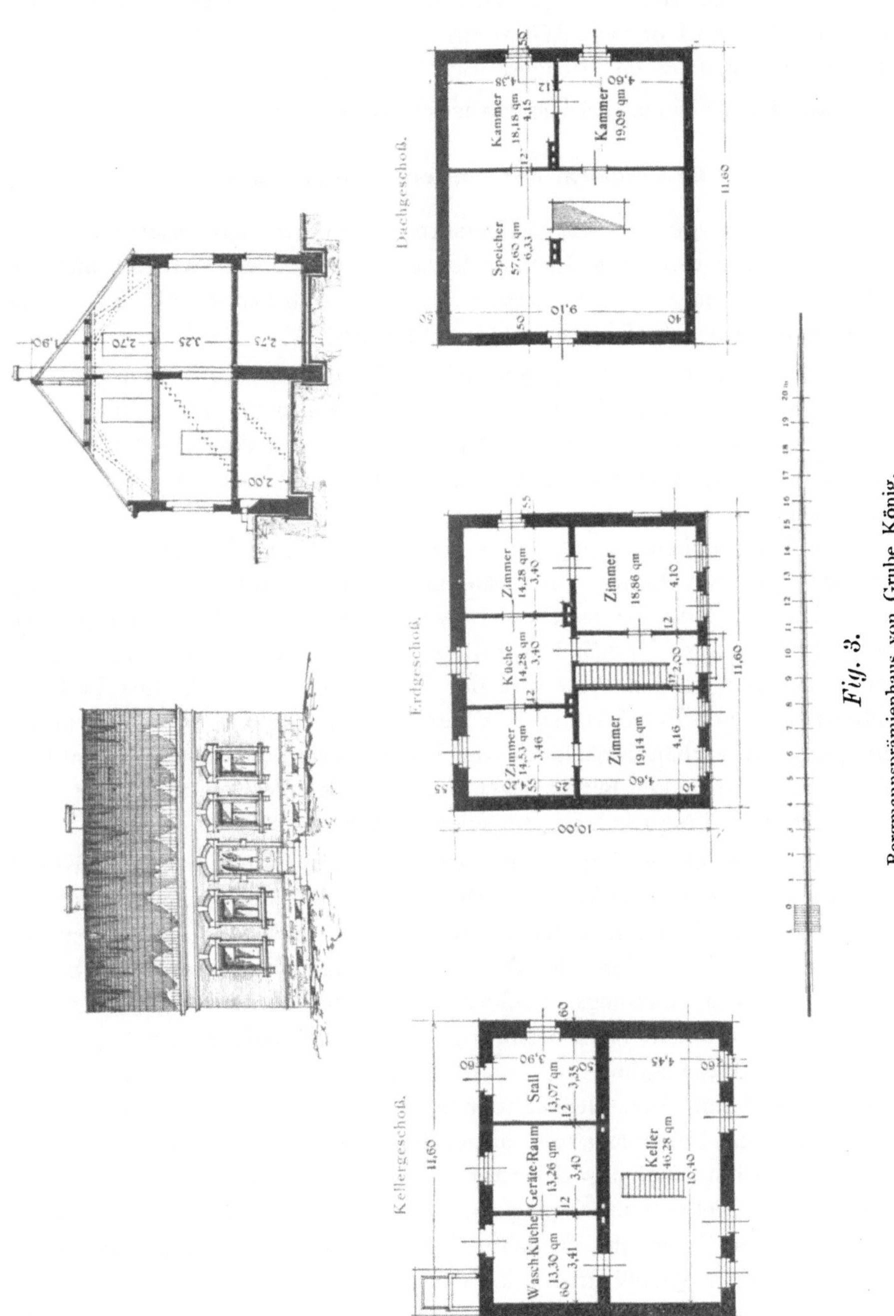

Fig. 3.
Bergmannsprämienhaus von Grube König.

Der Flächeninhalt der Wohnräume beträgt im Erdgeschoß 81,0 qm, im Dachgeschoß rund 19,0 qm, zusammen 100,0 qm, der umbaute Raum bei einer lichten Höhe von 3,00 m im Erdgeschoß 243,0 cbm und bei einer solchen von 2,50 m im Dachgeschoß 47,5 cbm, zusammen 290,5 cbm.

Die Kosten eines solchen Hauses betragen 6000 M.

d) Vergleich mit anderen Einrichtungen.

Die Vorzüge von Eigen-Häusern gegenüber den Mietswohnungen, namentlich der wohltätige Einfluß der ersteren auf die sittliche und wirtschaftliche Hebung des Arbeiterstandes sind zu bekannt, als daß sie hier noch besonders aufgeführt zu werden brauchen.

Nur ein Vorwurf wird gegen die Einrichtung der Eigentumshäuser zuweilen in den Kreisen der Arbeiter geltend gemacht, nämlich der, daß sie den Arbeiter zu sehr an die Scholle binde und ihn unter Umständen hindere, von günstigeren Arbeitsgelegenheiten an anderen Orten Nutzen zu ziehen.

In Saarbrücken ist dies aber bisher als Nachteil nicht empfunden worden, was am besten durch die andauernd überaus große Nachfrage nach Prämien und Baudarlehen bewiesen wird. Allerdings mögen hier besonders günstige Verhältnisse mitsprechen, unter denen wohl — abgesehen von der ganzen Wesensart der Bevölkerung — die fast beständig aufwärts gehende Entwickelung des Bergbaubetriebes und seine Zusammendrängung auf verhältnismäßig kleinen Raum sowie vor allem der Umstand, daß beim Saarbrücker Bergbau fast ausschließlich der Preußische Staat als Arbeitgeber in Frage kommt, die wichtigste Rolle spielen dürften.

Im Vergleich mit den sonstigen Eigenhaus-Systemen (dem Kopenhagener System und anderen), nach welchen die Ausführung der Bauten in den Händen von Arbeiterbauvereinen, von gemeinnützigen Genossenschaften, von Gemeinden oder Arbeitgebern liegt, kann dem Saarbrücker Prämienverfahren allerdings vielleicht vorgeworfen werden, daß auf gewisse Vorzüge der koloniemäßigen Bebauung (leichtere Wasserversorgung, Straßenlegung und -Beleuchtung nach einheitlichem Plan usw.) im allgemeinen verzichtet werden muß. Jedoch würde hier koloniemäßige Ansiedelung vor der zerstreuten Bebauungsweise ohnehin kaum zu begünstigen sein, weil sie die natürliche Neigung des Saarbrücker Bergmanns und seiner Angehörigen zur Nebenbeschäftigung in der Landwirtschaft nicht genügend berücksichtigen kann und sie daher leicht verkümmern läßt. Andererseits werden die den „Großbetrieb“ in der Bautätigkeit an sich begleitenden Vorteile zum großen Teile auch für den Prämienempfänger nutzbar gemacht, indem die staatliche Beihilfe die sonstige Kreditfähigkeit des Baulustigen erfahrungsmäßig wesentlich erhöht, während zugleich durch die Mitwirkung des Bauwerkmeisters die reiche Fachkenntnis des letzteren, seine Erfahrung im Materialienbezug usw. zugunsten des Bauenden voll ausgenutzt werden.

Der Hauptvorzug des Prämienverfahrens besteht aber darin,

daß das Haus gleich von vornherein Eigentum des Arbeiters ist,

daß dieser nur eine kurze Zeit lang und in sehr geringem Umfange sich Eigentumsbeschränkungen gefallen zu lassen hat,

daß er sich den Bauplatz, soweit dies nicht den Interessen des Grubenbetriebes zuwiderläuft, nach eigenem Gefallen auswählen kann,

daß den besonderen Wünschen und Bedürfnissen des einzelnen Arbeiters gleich beim Bau in weitgehendster Weise Rechnung getragen wird,

daß mithin dem Arbeiter bei Gewährung der Beihilfe zugleich ein außerordentlich reiches Maß an Freiheit belassen bleibt.

e) Statistisches.

Die überaus günstigen Erfolge, welche mit dem Prämienverfahren im Saarbrücker Bezirk erzielt worden sind, spiegeln sich am deutlichsten in folgenden Zahlen wieder.

Im ganzen wurden in den Jahren 1842 bis 1903 an Bauprämien gewährt 4 853 280 M.

An Bauvorschüssen sind gezahlt worden

a) durch die Saarbrücker Knappschaftskasse in den Jahren 1842 bis 1870 = 2 062 117 M.;

b) aus der Staatskasse in den Jahren 1865 bis 1903 = 5 892 335 M.

Mit Hilfe dieser Unterstützungen, deren Gesamtbetrag hiernach mehr als $12^3/_4$ Millionen Mark beträgt, sind in den Jahren 1842 bis 1903 = 6465 Bergarbeiter-Wohnhäuser erbaut worden und zwar

1. mit verzinslichen Darlehen aus der Knappschaftskasse und mit staatlichen Bauprämien . . . . 2063 Häuser,
2. mit unverzinslichen Darlehen aus der Staatskasse und mit staatlichen Bauprämien . . . . . . 4110 „ ,
3. lediglich mit staatlichen Bauprämien (also ohne Darlehen) . . . . 292 „ .

In welcher Weise sich die seit dem Jahre 1871 (von diesem Zeitpunkte ab werden die Darlehen zur Erbauung von Prämienhäusern nur noch aus der Staatskasse und zwar zinsfrei gewährt) erbauten Häuser auf die einzelnen Berginspektionen des Direktionsbezirks verteilen, geht aus folgender Nachweisung hervor:

Berginspektion	I (Kronprinz)	= 100	Häuser,
„	II (Gerhard)	= 507	„ ,
„	III (Von der Heydt)	= 348	„ ,
„	IV (Dudweiler)	= 349	„ ,
„	V (Sulzbach)	= 342	„ ,
„	VI (Reden)	= 459	„ ,
„	VII (Heinitz)	= 472	„ ,
„	VIII (König)	= 282	„ ,
„	IX (Friedrichsthal)	= 428	„ ,
„	X (Göttelborn)	= 134	„ ,
„	XI (Camphausen)	= 220	„ ,
	Summe	3641	Häuser.

Im Anschluß hieran bleibt noch kurz zu erwähnen, daß auch aus dem sogenannten Fünfmillionenfonds verzinsliche Hausbauvorschüsse und zwar Beträge von höchstens 4000 M. an die Saarbrücker Bergleute gewährt werden, daß diese Vorschüsse indessen mit $3^1/_2$ v. H. jährlich zu verzinsen, aber nur mit (mindestens) $2^1/_2$ v. H. jährlich zurückzuzahlen sind. Die Darlehen werden nicht verlost, sondern nach Entscheidung der einzelnen Berginspektionen den einer Unterstützung würdigsten Bewerbern zuerteilt, wobei auch Unverheiratete berücksichtigt werden. Im übrigen sind die Bedingungen ähnlich, wie für die Prämiengewährung.

Im ganzen sind für diese Zwecke bisher aufgewandt

aus den Fonds des Gesetzes vom 13. August 1895	= 384 500	M.,
„ „ „ „ „ „ 2. Juli 1898	= —	,
„ „ „ „ „ „ 23. August 1899	= 171 600	„ ,
„ „ „ „ „ „ 9. Juli 1900	= 132 500	„ ,
„ „ „ „ „ „ 16. April 1902	= 300 000	„ ,
„ „ „ „ „ „ 4. Mai 1903	= 156 000	„ ,
im ganzen	1 144 600	M.

Mit Hilfe dieser Darlehen wurden bis 1903 350 Häuser erbaut; hierzu kommen noch 10 Häuser mit unverzinslichen Darlehen, sodaß sich die Gesamtzahl der im Saarbrücker Bezirke von den Bergleuten mit staatlicher Beihilfe errichteten Eigentumshäuser auf 6825 erhöht.

3. Miethäuser und Arbeiterkolonien.

Wie aus den im vorigen Abschnitt dargelegten Gründen hervorgeht, hat die Bergverwaltung ihre sozialpolitische Fürsorge auf dem Gebiete des

Wohnungswesens vor allem darin betätigt, daß sie die eigene Bautätigkeit der Bergleute nach Möglichkeit unterstützte. Der Anlage von Miethäusern ist sie nur in geringerem Umfange näher getreten und zwar hauptsächlich in den Fällen, bei denen es sich um den Ankauf von Gebäuden handelte, die durch den Grubenbau beschädigt waren und hohe Schadenersatzleistungen an die früheren Eigentümer verursacht haben würden, die jedoch noch gut genug erhalten waren, um leicht durch Wiederherstellung oder teilweisen Umbau zu brauchbaren Arbeiterwohnungen umgewandelt werden zu können.

Indessen ist man auch zweimal dem Bau von Miethäusern nähergetreten, das einemal — im Jahre 1864 — wurden nach zwei Plänen 26 Doppelhäuser errichtet für die Gruben Gerhard, Dudweiler, Reden, Sulzbach und Heinitz. Nach dem einen Plan enthielt jede Wohnung des Doppelhauses im Kellergeschoß einen Keller, im Erdgeschoß eine Küche und drei Stuben, im Dachgeschoß einen Speicher, zwei Kammern und eine Stube. Neben dem Haus befand sich ein Schweine- und Viehstall. Das massive, in Backsteinen erbaute Haus kostete bei $1742^5/_8$ Quadratfuß Grundfläche 2050 Taler. Der zweite Plan war für abfallendes Gelände bestimmt und gab im Kellergeschoß Raum für einen Stall und Keller, im Erdgeschoß für eine Küche und drei Stuben, im Dachgeschoß für einen Speicher, zwei Kammern und eine Stube. Seine Kosten betrugen bei 1350 Quadratfuß Grundfläche 1950 M. Die Wohnungen waren also dafür eingerichtet, außer der Familie des Mieters noch einen Einlieger aufzunehmen.

Es blieb bei diesem Versuch bis zum Jahre 1871, wo für die Berginspektion Heinitz in Elversberg fünf Doppelhäuser errichtet wurden, in denen jede Wohnung einen Keller, im Erdgeschoß drei Stuben und eine Küche, im Dachgeschoß eine Stube, zwei Kammern und einen Kohlenspeicher und neben dem Hause zwei Ställe enthält. Jede Wohnung hat einen besonderen Eingang, der unmittelbar in die Küche führt. Die Häuser sind aus Bruchsteinen ohne Verputz aufgeführt und kosten bei einer Grundfläche von 114 qm 2800 Taler. Im Jahre 1877 kostete in Elversberg ein derartiges Haus sogar 11 200 M. Derselbe Plan wurde im Jahre 1873 für drei Doppelhäuser in Louisenthal, Von der Heydt und Sulzbach angewandt. In allen diesen Fällen handelte es sich um Versuche, bei denen es zunächst verblieb.

So lagen die Verhältnisse bis zum Jahre 1895, als durch das Gesetz vom 13. August 1895, betr. die Bewilligung von Staatsmitteln zur Verbesserung der Wohnungsverhältnisse der Arbeiter, die in staatlichen Betrieben beschäftigt sind, und von gering besoldeten Beamten, größere Mittel (5 Millionen-Fonds) bereitgestellt wurden. Diese Mittel werden in der Weise benutzt, daß der Staat für seine Arbeiter selbst Häuser baut, sie vermietet und außerdem, wie erwähnt, mit $3^1/_2$ v. H. verzinsliche Darlehen bis zur Höhe von 4000 M. gewährt. Die hierzu nötigen Mittel werden nicht aus den laufenden Betriebseinnahmen, sondern aus allgemeinen Staatsfonds beschafft. Durch die weiteren Gesetze vom 2. Juli 1898, 23. August 1899, 9. Juli 1900, 16. April 1902 und 4. Mai 1903 wurde der durch das erste Gesetz geschaffene 5 Millionen-Fonds auf 44 Millionen erhöht. Die aus diesen Mitteln gebauten Wohnungen sind zumeist Zweifamilienhäuser, seltener Vierfamilienhäuser und liegen teils zerstreut, teils in geschlossenen Kolonien. Seitdem mit diesen Bauten im Jahre 1896 begonnen wurde, haben sich in der Art ihrer Ausführung bereits mancherlei Wandlungen vollzogen, die teils auf inzwischen gemachte Erfahrungen und auf berechtigte Wünsche der Bewohner zurückzuführen sind, teils auch das Bestreben hervortreten lassen, mit den nämlichen Mitteln eine vorteilhaftere Grundrißausbildung und eine geschmackvollere Erscheinung der Außenseite zu erzielen.

Die ersten zur Ausführung gelangten Zweifamilienhäuser sind bereits als Doppelhäuser gebaut, einstöckig, durch die Brandmauer getrennt, mit besonderen Eingängen und Treppen (s. Fig. 4); es enthält jede Seite (Wohnung)

im Erdgeschoß

den Haus- und Treppenflur . . . . . 8,67 qm,
die geräumige Küche . . . . 18,91 „
und zwei Stuben 12,15 + 15,97 = . . . 28,12 „

im Dachgeschoß

zwei Kammern 15,76 + 16,49 = ... 32,25 „
und einen Speicherraum.

Das Gebäude ist nur zur Hälfte unterkellert. Der Eingang liegt an der Hinterseite, hier schließt sich eine überdeckte Halle an bis zu dem 5 m weit entfernten Nebengebäude, das für jede Familie einen Abort und einen kleinen Stall mit darüber gelegenem Bodenraum enthält. Die bewohnbaren Räume haben demnach eine Grundfläche von 55,70 qm im Erdgeschoß und 32,25 qm im Dachgeschoß und bei einer lichten Geschoßhöhe von 2,95 bezw. 2,30 m einen Rauminhalt von 164,32 bezw. 64,26 cbm. Die Baukosten für diese Hausform, welche ursprünglich auf 8500 M. veranschlagt waren, stellten sich schon im nächsten Jahre auf 9500 M.

Die Vierfamilienhäuser für Arbeiter sind zweistöckig, mit gemeinschaftlichem Eingange und Treppenhause und zwei Wohnungen im Erdgeschoß und im Stockwerk, aber von ungleicher Größe mit 41,88 bezw. 50,64 qm Grundfläche (s. Fig. 5). Eingang und Treppenhaus liegen an der Hinterseite. Zwei übereinander liegende Wohnungen bestehen aus Küche und zwei Stuben, die beiden andern aus Küche und drei Stuben, ferner gehören zu jeder Wohnung zwei Dachkammern und ein Kellerraum, außerdem

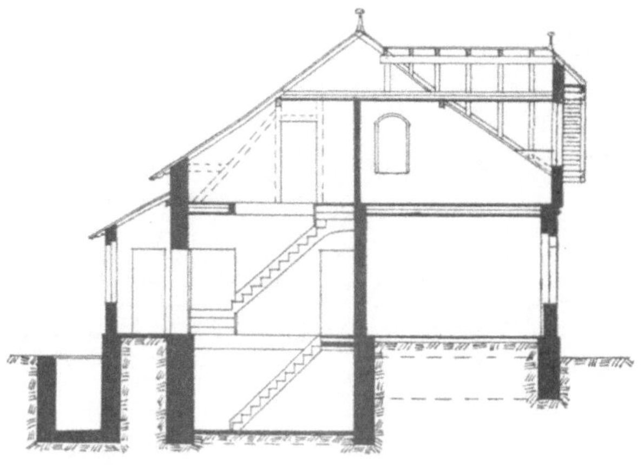

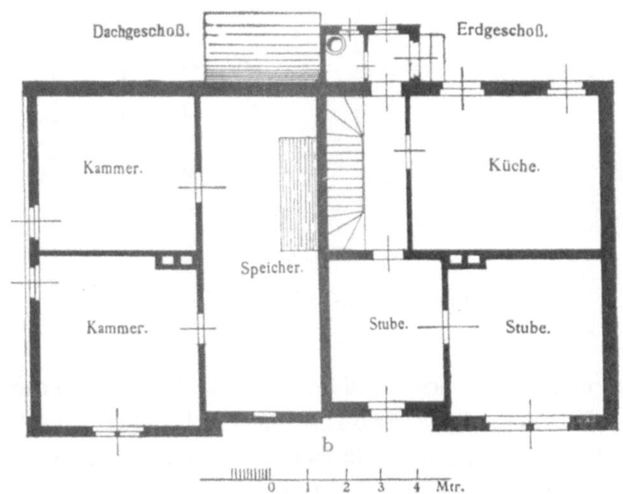

Fig. 4.

Zweifamilienhaus auf Grube Altenwald.

zwei Stallräume und ein Abort im Nebengebäude, sowie ein etwa 1,50 a großer Garten beim Hause. Die jährliche Miete beträgt 190 M. für die größere, 168 M. für die kleinere Wohnung, die Baukosten beliefen sich

für das Vierfamilienhaus auf	15 000 M.
„ „ dazu gehörige Stallgebäude auf . . .	2 800 „
zusammen auf	17 800 M.

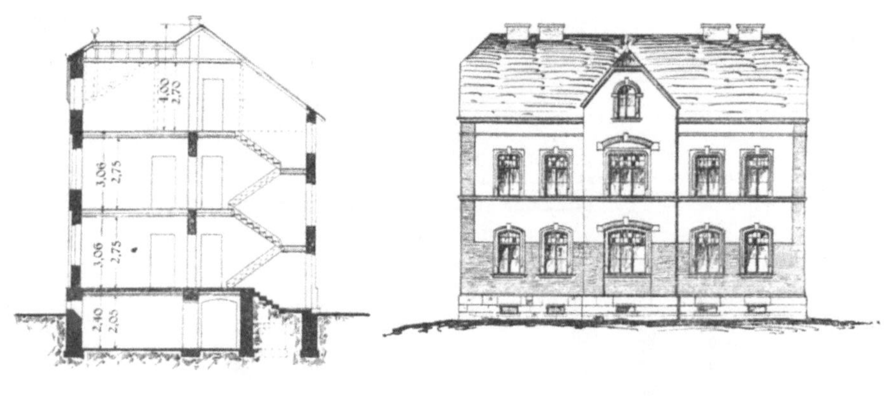

Erdgeschoß und Stockwerk. Dachgeschoß.

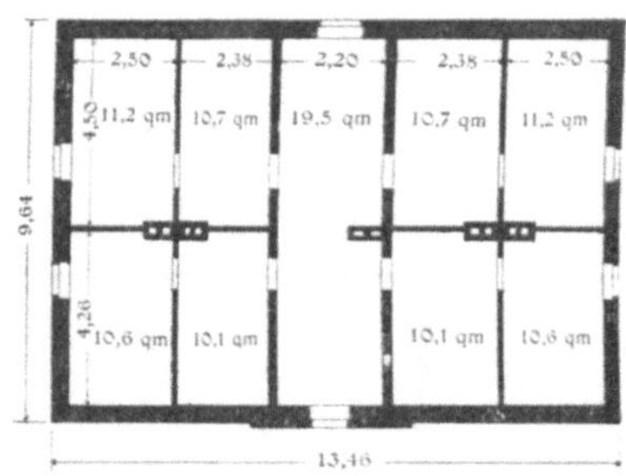

Fig. 5.

Vierfamilienhaus auf Grube König.

Eine weitere Form des Zweifamilienhauses für Arbeiter ist in den Kolonien zu Dudweiler, Sulzbach und Altenwald vertreten. Zwar blieben Grundrißanordnung und Flächeninhalt der Räume im Wohngebäude unverändert, doch trat an der Hinterseite der Abort hinzu, wohingegen das Nebengebäude aufgegeben wurde. Von diesem Muster, das in Backsteinrohbau ausgeführt ist, entstanden drei Abarten. Die erste (A) ist bis zur Traufe glatt gehalten, die zweite (B) erhielt zwei Risalite mit Holzfachwerk des Aufstichs und der Risalitgiebel, endlich die dritte (C) ist, wie A, glatt im Erdgeschoß, aber mit Holzfachwerk im Aufstich hergestellt. Die Baukosten betrugen 10500 M.

Für besser gestellte Arbeiter, Aufseher oder Vorarbeiter, wurden auf dem Steinkohlenbergwerk Heinitz größere Doppelwohnungen als die bisherigen aufgeführt. Sie bestehen aus einem Wohn- und einem Nebengebäude. Das erstere ist massiv in Bruchsteinen erbaut mit einem um 50 cm vorgezogenen Mittelrisalit an der Straßenseite und darüber gelegenem Giebel. Die Dächer sind an den drei Giebeln abgewalmt und mit Spitzen versehen, die äußeren Mauerflächen glatt verputzt, die Tür- und Fensteröffnungen mit Hausteinen eingefaßt. Das Nebengebäude ist aus Backsteinen teils in Fachwerk, teils massiv aufgeführt und verfugt, die Holzteile sind mit Ölfarbe gestrichen. Die geneigte Lage der Baustelle bedingte die vollständige Unterkellerung des Gebäudes und die Anordnung des Einganges an der Giebelseite. An der Hinterseite liegt das Kellergeschoß frei über der Erde, sodaß dem Wunsche der Mieter, die Küche aus dem Erdgeschoß in den Keller zu verlegen, entsprochen werden konnte. Ein kleiner Flur mit Tür nach außen und eine bequeme Steintreppe vermitteln den Verkehr nach dem Hofe und den inneren Wohnräumen. Die Vorratskeller liegen an der Vorderseite. Die Küche enthält . . . . 18,44 qm bezw. 46,10 cbm.

Im Erdgeschoß befinden sich außer dem Treppenhause

1 Zimmer von . . .	18,78 qm	bezw.	54,72 cbm
1 „ „ . . .	16,20 „	„	46,98 „
1 „ „ . . .	14,20 „	„	41,18 „
und im Dachgeschoß			
1 Kammer von . . .	16,72 „	„	35,22 „
1 „ „ . . .	14,60 „	„	34,86 „
sowie der Speicherraum,			
zusammen	99,03 qm	bezw.	259,16 cbm.

Zu jeder Wohnung gehören noch ein Geräteraum, ein Schweinestall mit darüber gelegenem Hühnerstall und der Abort, sämtlich im Nebengebäude, und ferner entsprechende Gärten vor und hinter dem Hause. Die Baukosten betrugen

für das Wohngebäude	11 680 M.,
„ „ Nebengebäude	1 320 „ ,
zusammen	13 000 M.

Unter dem Gesichtspunkte, namentlich kleineren Familien die Wohltaten guten billigen Wohnens zukommen zu lassen, sollen in Zukunft die drei folgenden Muster (Fig. 6—8) zum Anhalt genommen werden, von denen das erste ein Zweifamilienhaus darstellt, die beiden anderen für 4 Familien eingerichtet sind. Bei sämtlichen besteht eine Wohnung aus Stube und Küche im Erdgeschoß, Kammer und Speicherraum im Dachgeschoß, 2 Kellerräumen und 1 Abort, letzterer auf dem Vorplatz. Die Treppe liegt in der Küche und ist durch einen Bretterverschlag verdeckt. Die Gebäude sind bis Sockelhöhe aus Bruchsteinmauerwerk,

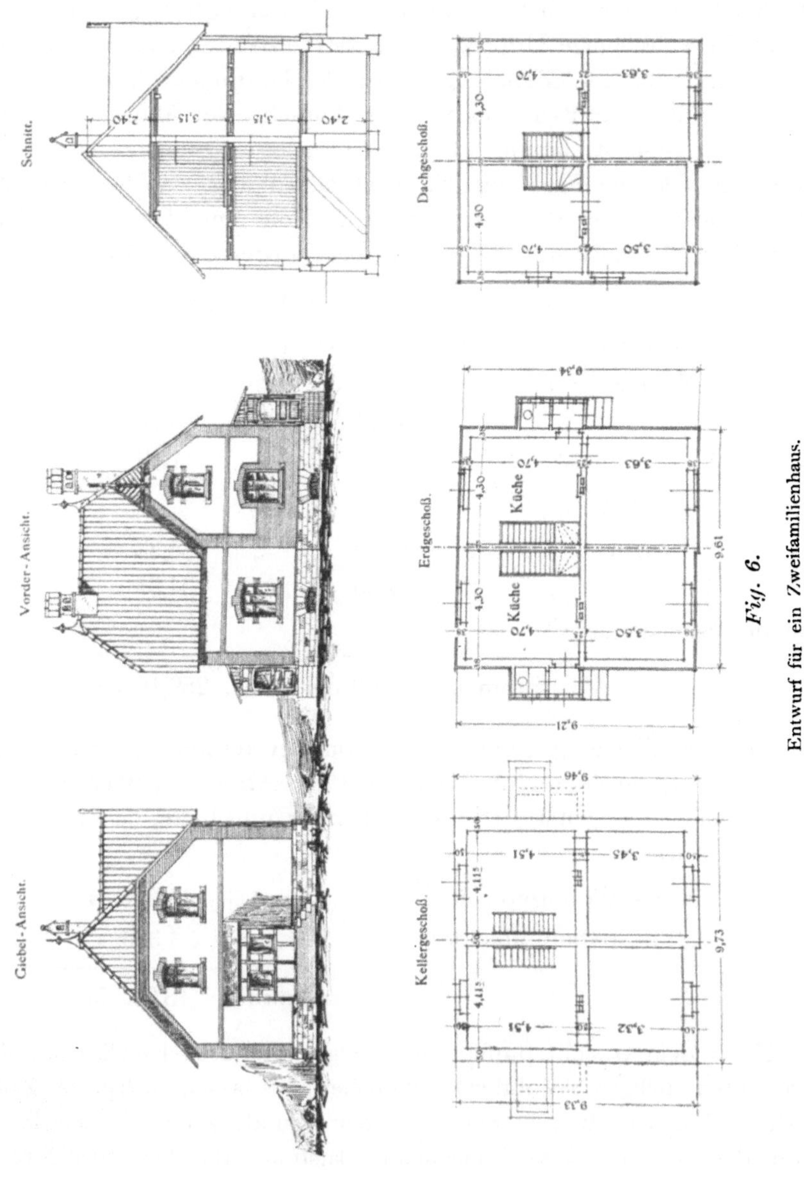

Fig. 6.
Entwurf für ein Zweifamilienhaus.

darüber aus Backsteinmauerwerk aufgeführt, ein Nebengebäude ist nicht vorhanden.

Beim Zweifamilienhause (Fig. 6) sind an den Giebeln geschlossene Vorplätze angebracht, durch welche der Eingang in die Küche erfolgt. Die Dachstube liegt bei der einen Haushälfte im Seitengiebel, bei der anderen in einem flachen Risalit an der Vorderseite. Die Baukosten dieser Art der Ausführung stellen sich auf 7500 M.

Im Vierfamilienhause (Fig. 7) haben die äußeren Wohnungen den Eingang am Giebel, die Mittelwohnungen dagegen nebeneinander an der Vorderseite erhalten. Letztere besitzen außerdem noch einen Ausgang an der Hinterwand. Die Dachkammern der äußeren Wohnungen sind in den Risalitgiebeln untergebracht und erhalten schmale hohe Fenster, während die der Mittelwohnungen mit breiten niedrigen Schleppfenstern versehen sind.

Bei beiden Formen ist die Anwendung der Hausteine auf Fensterbänke und Türschwellen beschränkt worden, die Mauerflächen sind teils in Rohbau gehalten, teils glatt verputzt.

Im Vierfamilienhause (Fig. 8) sind die Mittelwohnungen nach der Straßenseite zu um 1,50 m als Querbau vorgezogen und etwas größer als die äußeren. Außer dem gewöhnlichen Eingange mit nach innen gelegtem Windfang hat jede Wohnung einen Ausgang nach dem Hofe. Die hinteren Ausgänge sind als Vorbauten paarweise angelegt und enthalten auch den Abort. Durch die Giebelausbildung sind sämtliche Dachräume gleichwertig und zu Schlafkammern geeignet. Die äußere Ausstattung besteht in glattem Putz mit quadratisch gezahnten Einfassungen aus Schichtenmauerwerk. Bei den Fenstern und Türen sind außer den Bänken und Schwellen noch die Binder- und Schlußsteine in Haustein, die sonstige Umrahmung der Öffnungen aber aus Backsteinen hergestellt. Die Baukosten beider Formen berechnen sich auf 14 500 bezw. 15 000 M.

Die Gesamtzahl der für die Belegschaft der Saarbrücker Gruben zur Verfügung stehenden bergfiskalischen Miethäuser beträgt 373 mit im ganzen 667 Familienwohnungen bezw. 3333 einzelnen Wohnräumen. Hierunter befinden sich

119	Einfamilienhäuser	mit	zus.	119	Wohnungen	und	611	Wohnräumen
233	Zweifamilienhäuser	„	„	466	„	„	2274	„
4	Dreifamilienhäuser	„	„	12	„	„	56	„
16	Vierfamilienhäuser	„	„	64	„	„	362	„
1	Sechsfamilienhaus	„	„	6	„	„	30	„ .

Von diesen sind:

a) fertig angekauft und umgebaut worden 151 Häuser mit 189 Wohnungen und 880 Wohnräumen;

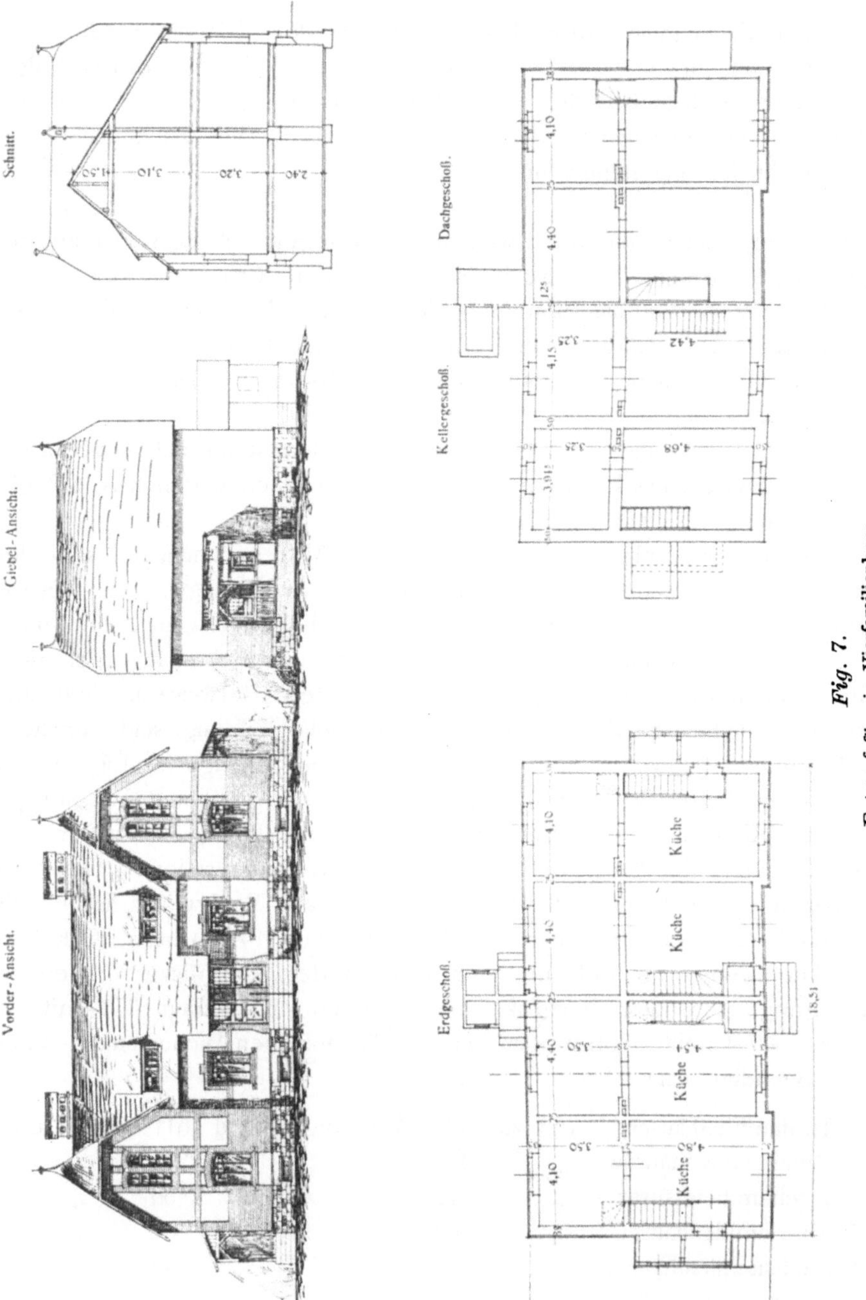

Fig. 7.
Entwurf für ein Vierfamilienhaus.

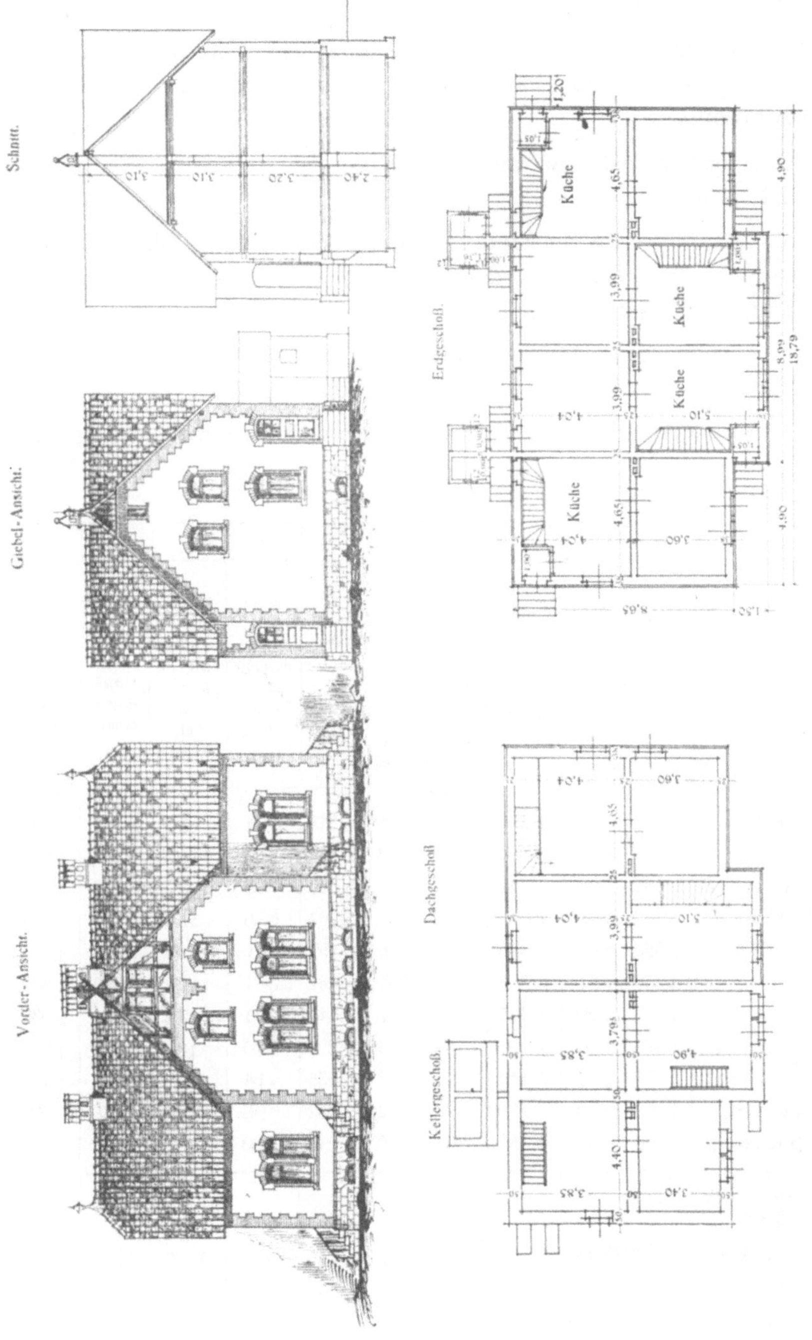

Fig. 8.
Entwurf für ein Vierfamilienhaus.

b) von der Bergverwaltung in früheren Jahren aus eigenen Mitteln erbaut 36 Häuser mit 74 Wohnungen und 379 Wohnräumen;

c) in den letzten Jahren aus allgemeinen Staatsmitteln (5 Millionenfonds) erbaut 186 Häuser mit 404 Wohnungen und 2074 Wohnräumen.

Im Durchschnitt entfallen auf jede Wohnung genau 5 Wohnräume einschließlich Küche.

Unter den neu erbauten Häusern wiegt das Zweifamilienhaus vor, von den angekauften Häusern dagegen konnte der größte Teil (117) nur zu Einfamilienhäusern hergerichtet werden.

Im allgemeinen gehört zu jeder Mietwohnung auch eine mehr oder weniger große Fläche an Garten- oder Ackerland.

Der Gesamtaufwand zur Herstellung bezw. zum Erwerb der fraglichen

1.	2.	3.	4.	5.	6.	7.	8.	9.	10.	11.	12.	13.
			Familienstand			Zahl der Angehörigen						Besitz-
Lfd. Nr.	Name	Zahl der Belegschaft	ledig	verheiratet	verwitwet oder geschieden	versorgte Kinder	unversorgte Kinder	Zu ernährende Eltern oder Geschwister	Hauseigentümer und Besitzer von Feld, Wiesen usw.	Nur Hauseigentümer	Hauseigentümer 10+11	Besitzer von Feld, Wiesen usw. 10+14
I.	Kronprinz .	2 725	1 307	1 390	28	1 145	4 518	81	828	368	1 196	889
II.	Gerhard . .	4 557	1 878	2 630	49	1 603	7 968	146	1165	738	1 903	1289
III.	Von der Heydt	2 585	928	1 642	15	886	5 389	83	757	479	1 236	796
IV.	Dudweiler .	3 729	1 716	1 977	36	1 022	5 707	636	568	594	1 162	626
V.	Sulzbach . .	3 853	1 916	1 899	38	1 318	5 157	341	559	494	1 053	603
VI.	Reden . . .	4 335	1 914	2 363	58	1 551	6 861	361	1188	620	1 808	1337
VII.	Heinitz. . .	5 314	1 946	3 307	61	2 387	9 448	201	1172	866	2 038	1235
VIII.	Neunkirchen	4 404	1 861	2 498	45	1 583	7 298	290	1186	528	1 714	1276
IX.	Friedrichsthal	5 119	2 663	2 415	41	1 165	6 455	714	809	672	1 481	904
X.	Göttelborn .	1 542	799	730	13	322	2 052	96	410	178	588	427
XI.	Camphausen	3 112	1 331	1 751	30	1 040	5 210	160	536	634	1 170	580
	Summe der Steinkohlenbergwerke	41 275	18 259	22 602	414	14 022	66 063	3509	9178	6171	15 349	9962
XII.	Faktorei . .	13	1	12	—	14	18	—	2	1	3	4
XIII.	Hafenamt .	118	46	67	5	33	152	10	10	7	17	18
	Gesamtsumme	41 406	18 306	22 681	*419	14 069	66 233	3519	9190	6179	15 369	9984

Häuser beläuft sich auf 3 596 150 M., die Gesamteinnahme an Miete beträgt 125 300 M. Hieraus ergiebt sich eine Verzinsung des Anlagekapitals zu 3,48 v. H., wobei allerdings besondere Abzüge für bauliche Unterhaltung, Tilgung usw. nicht berücksichtigt sind. Auf jede Wohnung kommt im Durchschnitt ein Mietsertrag von 187,80 M., auf jeden bewohnbaren Raum ein solcher von 37,60 M.

4. Übersicht über die Wohnungs- und Besitzverhältnisse der Gesamtbelegschaft.

Zur Vervollständigung des Bildes von den Leistungen der Saarbrücker Bergverwaltung auf dem Gebiete der Arbeiterwohnungsfürsorge mögen hier noch an der Hand der Tabelle 2 einige Angaben über die allgemeinen Wohnungsverhältnisse der Belegschaft hinzugefügt werden.

Tabelle 2.

14.	15.	16.	17.	18.	19.	20.	21.	22.	23.	24.	25.	26.	27.	28.
stand		Viehstand im Besitze der Belegschaft				Es wohnen					Nebenerwerb			
						(und gehen täglich nach Hause)								
Nur Besitzer von Wiesen und Feld 13—10	Weder Haus-eigentümer noch Besitzer von Feld usw.	Pferde	Rinder	Ziegen	Schweine	im eigenen Hause	in Mietwohnungen	bei den Eltern	in Schlafhäusern	als Einlieger bei Privaten	Gastwirtschaft	anderes Geschäft oder Handwerk	Rentenempfänger der Genossenschaft	Zahl der von den Verheirateten und Witwern benutzten bewohnbaren Räume
61	1 408	14	1 107	594	1 148	1 183	234	1 227	—	81	15	50	64	5 823
124	2 530	1	1 110	1 652	1 627	1 707	766	1 455	315	314	8	66	133	9 960
39	1 310	6	901	1 076	1 141	1 044	410	751	231	149	15	47	91	6 325
58	2 509	4	501	711	603	561	663	605	903	997	12	37	98	6 407
44	2 756	4	541	635	644	408	755	595	411	1684	20	56	98	6 253
149	2 378	13	1 737	1 207	1 006	1 465	568	1 151	498	653	28	98	102	9 145
63	3 213	21	1 093	1 264	991	1 350	1238	1 282	807	637	32	100	138	11 141
90	2 600	13	1 631	999	1 066	1 535	915	1 517	203	234	22	78	77	8 943
95	3 543	11	966	1 015	827	1 018	863	1 513	400	1325	23	106	117	8 365
17	937	3	511	478	375	575	159	682	—	126	13	18	34	2 847
44	1 898	5	603	972	692	1 051	596	1 083	—	382	10	29	67	6 178
784	25 142	95	10 710	10 603	10 120	11 897	7167	11 861	3768	6582	198	685	1019	81 387
2	8	—	—	5	4	3	8	2	—	—	—	—	—	34
8	93	—	6	18	10	9	57	32	—	20	—	—	—	199
794	25 243	95	10 716	10 626	10 134	11 909	7232	11 895	3768	6602	198	685	1019	81 620

Nach der am 1. Dezember 1900 vorgenommenen Belegschaftszählung waren bei einer Gesamtarbeiterzahl von 41 406 Mann

Hauseigentümer	15 369	= 37,12 v. H.,
Besitzer von Feld, Wiesen usw. . .	9 984	= 24,11 „
Hauseigentümer und Besitzer von Feld, Wiesen usw.	9 190	= 22,19 „ Personen.
Nur Hauseigentümer waren . . .	6 179	= 14,92 v. H. der Gesamtzahl bezw. 40,20 v. H. sämtlicher Hauseigentümer,
nur Besitzer von Feld, Wiesen usw.	794	= 1,92 v. H. der Gesamtzahl bezw. 7,95 v. H. sämtlicher Besitzer von Feld, Wiesen usw.

Weder Hauseigentümer noch Besitzer von Feld, Wiesen usw. waren 25 243 Bergarbeiter = 60,97 v. H. der Gesamtzahl.

Von der Gesamtbelegschaft wohnten im Grubenbezirk

1. in eigenen Häusern	11 909 Mann	= 28,76 v. H.
2. bei ihren Eltern*)	11 895 „	= 28,73 „
3. in Mietswohnungen	7 232 „	= 17,47 „
4. bei Privaten als Einlieger . .	6 602 „	= 15,94 „
5. in Schlafhäusern der Gruben .	3 768 „	= 9,10 „

Infolge der besonderen Eigentümlichkeit des Saarbrücker Reviers, daß ein Teil der Belegschaft in der weiteren Umgegend seinen Wohnsitz hat, ist das Verhältnis der im eigenen Hause wohnenden Arbeiter nicht so günstig als man dies nach dem Besitzstand erwarten dürfte.

Von denjenigen Arbeitern, welche als Einlieger bei Privaten Unterkunft fanden, entfallen allein auf die in der Mitte des ganzen Grubengebietes gelegenen 3 Gruben Sulzbach (1684), Friedrichsthal (1325) und Dudweiler (997) fast zwei Drittel, nämlich im ganzen 4 006.

Dem Familienstande nach waren

	ledig	verheiratet	verwitwet oder geschieden
von den Hausbesitzern	195	14 895	279
„ „ Mietern ausschließlich derjenigen, die zugleich Hausbesitzer sind	11 969	3 647	51
„ „ Schlafhausbewohnern	1 558	2 169	41
„ „ Einliegern bei Privaten . . .	4 584	1 970	48
im ganzen . .	18 306	22 681	419

*) Zum Teil in deren eigenen Häusern.

Nicht weniger als 6 142 oder 33,6 v. H. sämtlicher ledigen Arbeiter waren daher als Einlieger bei Privaten oder in Schlafhäusern der Gruben untergebracht. Aber auch 4 139 Verheiratete bezw. 18,2 v. H. derselben haben auf diese Weise Unterkunft gesucht. Bemerkenswert ist dabei, daß, auch im Verhältnis zur Gesamtzahl der Einlieger, mehr Verheiratete als Unverheiratete in den Grubenschlafhäusern Wohnung genommen haben, woselbst die ersteren bei starkem Zudrang auch immer vorzugsweise berücksichtigt zu werden pflegen. 57,6 v. H. aller Schlafhausbewohner sind nämlich verheiratet und nur 41,3 v. H. noch ledig, der Rest ist verwitwet oder geschieden. Von den 6 142 ledigen Einliegern entfallen wiederum 25,4 v. H. auf die Schlafhäuser, von den 4 139 verheirateten Einliegern dagegen 52,4 v. H.

Die 23 091 verheirateten oder verwitweten Arbeiter hatten zusammen 81 620 bewohnbare Räume inne, also durchschnittlich jeder 3,53 Räume.

Werden die Leistungen der Saarbrücker Bergverwaltung auf dem Gebiete der Arbeiterwohnungsfürsorge nochmals kurz zusammengefaßt und mit dem vorhandenen Gesamtbedürfnis an Arbeiterwohnungen verglichen, so ergibt sich folgendes.

Nach dem Stande von 1900 entfallen von den 7 232 Mietwohnungen der Gesamtbelegschaft 441 oder 6,1 v. H. (mit durchschnittlich je 5 bewohnbaren Räumen) auf die von der Bergverwaltung zur Verfügung gestellten Miethäuser.

Von den überhaupt als Einlieger untergebrachten 10 370 Mann haben 3 768 oder 36,3 v. H. Unterkunft in den Schlafhäusern der Gruben gefunden.

Bei weitem am günstigsten stellt sich das Verhältnis bei den eigenen Häusern, indem die 6 815 Häuser, welche von Bergleuten mit staatlicher Beihilfe erbaut wurden, mehr als die Hälfte, nämlich 54,5 v. H., der im ganzen vorhandenen und von ihren Eigentümern bewohnten (11 909) eigenen Häusern ausmachen.

Was endlich die Verteilung der im Saarrevier beschäftigten Bergleute nach ihrer Ortsangehörigkeit auf die einzelnen Landesteile anbetrifft, so waren nach der Zählung vom 1. Dezember 1900 von der Gesamtzahl der aktiven Bergleute des Saarbrücker Bergwerksdirektionsbezirks 37 588 Mann gleich 90,78 v. H. in Preußen ansässig. Sie verteilten sich fast ausschließlich auf die Kreise Saarbrücken, Ottweiler, Saarlouis, St. Wendel und Merzig. Auf 1 qkm berechnet entfielen 36,02 Mann auf den Kreis Saarbrücken, 42,87 auf den Kreis Ottweiler, 12,24 auf den Kreis Saarlouis, 5,42 auf den Kreis St. Wendel und 3,74 auf den Kreis Merzig. Außerhalb Preußens waren 3 818 aktive Bergleute = 9,22 v. H. ansässig und zwar

in der bayerischen Pfalz	3 356 Mann
im Fürstentum Birkenfeld	430 „
in Elsaß-Lothringen	32 „

Die Zahl der Wohnorte überhaupt, auf welche die Bergleute sich verteilen, beträgt 662. Davon liegen 431 in Preußen, 174 in der bayerischen Pfalz, 37 im Fürstentum Birkenfeld und 20 in Elsaß-Lothringen.

IV. Der Saarbrücker Knappschaftsverein.

Der Erlaß des Knappschaftsgesetzes vom 10. April 1854 besitzt auch für den Saarbrücker Bezirk eine wesentliche Bedeutung, da es bei dem bis dahin in den linksrheinischen Landesteilen bestehenden gänzlichen Mangel gesetzlicher Vorschriften den Saarbrücker Knappschaftsverein zum ersten Male auf gesetzliche Grundlagen stellte. Die durch das Gesetz dem Verein zugewiesene Aufgabe, die die Leistungen einer Pensions-, Witwen- und Waisenversorgungskasse, sowie Kranken- und Sterbekasse umfaßte, wurde allerdings schon längst erfüllt, sodaß nach dieser Richtung hin das Gesetz nichts zu bessern fand. Dagegen war von besonderer Wichtigkeit die Bestimmung in § 5 des Gesetzes, welche die bisherige Verwaltung des Vereins durch das Bergamt aufhob und sie einem Vorstand übertrug, der durch Berufung dreier Mitglieder seitens des Ministers für Handel und Gewerbe und durch Wahl ebensovieler Vertreter der Vereinsgenossen seitens der Knappschaftsältesten gebildet wurde. Von diesem Zeitpunkte ab ist das Gesetz und das auf Grund desselben unter Mitwirkung der Vereinsvertretung erlassene Statut vom 29. Januar 1859 zunächst die alleinige Richtschnur für die Beschlüsse und Handlungen der neuen Verwaltung geworden. Auf der einen Seite ist es der Staat, der hier in seiner doppelten Eigenschaft als Beteiligter am Vereine und als Aufsichtsbehörde die Erfüllung der Bestimmungen des Gesetzes und Statuts im Vereine überwacht, auf der anderen ist es die aus direkter freier (geheimer) Wahl der Vereinsgenossen hervorgegangene Versammlung der Ältesten, die im Vorstande selbst durch 3 Mitglieder vertreten, mit gleicher Befugnis wie der Werksbesitzer gesetzlich ausgerüstet, an der Verwaltung des Vereins teilnimmt.

Das dem Staate zustehende gesetzliche Aufsichtsrecht wurde zunächst durch das Königliche Bergamt und durch einen ständigen, von demselben ernannten Vertreter ausgeübt. Von 1857 bis 1867 wirkte die Bergbehörde von Aufsichtswegen bei jeder Verwaltungsmaßnahme des Vorstandes mit. Das Aufsichtsrecht wurde auch in der Neubearbeitung des Statuts vom 3. Januar 1863, zu der die Aufhebung des Bergamts den nächsten Anlaß bot, ungeschmälert aufrechterhalten, ging aber an das Königliche Oberbergamt zu Bonn über, das wieder zu dem Zwecke einen Vertreter an Ort und Stelle in der Person des jeweiligen Vorsitzenden der Königlichen Bergwerksdirektion ernannte. Erst das Allgemeine Berggesetz für die preußischen Staaten vom 24. Juni 1865 verlieh den Knappschaftsvereinen, denen bereits durch das Gesetz vom 10. April 1854 die Eigenschaft juristischer Personen beigelegt war, eine größere Beweglichkeit und Selbständigkeit.

Diese veränderten gesetzlichen Vorschriften veranlaßten im Jahre 1867 eine nochmalige Umarbeitung des Statuts, der eine weitere, umfassendere im Jahre 1872 folgte. Das Verhältnis der Mitglieder zum Knappschaftsvereine gestaltete sich nach den vorgedachten Statuten vom 29. Januar 1857, 2. Januar 1863 und 27. Juni 1867 wie folgt:

Zur Mitgliedschaft am Vereine waren sämtliche auf den königlichen Steinkohlengruben beschäftigten Arbeiter verpflichtet. Diesem Beitrittszwang unterlagen bis zum Inkrafttreten des Allgemeinen Berggesetzes auch die Grubenbeamten, deren Verpflichtung jedoch von diesem Zeitpunkte ab in eine Berechtigung zum Beitritt umgewandelt wurde.

Die bereits von alters her eingeführte Scheidung der Vereinsmitglieder in ständige und unständige, sowie die Ergänzung der ständigen Knappschaft aus der unständigen blieb mit der Maßgabe bestehen, daß, wenn ein unständiger Bergmann in dem Dienste der Grube verunglückte und dadurch arbeitsunfähig wurde, ihm oder seinen Hinterbliebenen die einem ständigen Bergmann zustehenden Wohltaten zugute kommen sollten.

Für das Aufrücken in die ständige Knappschaft war der Nachweis guter Gesundheit und Körperbeschaffenheit, eine längere Probedienstzeit sowie ein Lebensalter von nicht über 45 Jahren vorgeschrieben.

An Stelle der bisherigen Ermittelungssätze traten nach den Statuten von 1857 und 1863 feste Beiträge der Arbeiter in Höhe eines 8-stündigen Normalschichtlohnes, je nach der Arbeiterklasse, und für die Beamten in Höhe von $^{2}/_{3}$ ihres Monatslohnes auf 1 Tag berechnet. Im Statut von 1867 wurde, der Einteilung der Vereinsgenossen in 6 Klassen folgend, für jede Klasse ein besonderer Beitrag festgesetzt.

An neuen außerordentlichen Gebühren kam die Aufnahmegebühr von 3 M. beim Aufrücken in die ständige Knappschaft zur Erhebung.

Die Leistungen des Vereins blieben dieselben wie früher und erfuhren nur bezüglich ihres Maßes Veränderungen. So brachte das Statut von 1857 eine Erhöhung der Pensionssätze der Invaliden bei gleichzeitiger Abkürzung der Dienstaltersstufen. Die Mitgliederklassen wurden hier auf 7 erweitert (3 der Beamten und 4 der Arbeiter) und ebensoviele Dienstaltersstufen angenommen und zwar getrennt für Verheiratete oder Witwer mit unversorgten Kindern und für Unverheiratete oder Witwer ohne unversorgte Kinder.

Beträchtlicher noch war die Erhöhung der Invalidenunterstützungen, welche das „Revidierte Statut" vom 3. Januar 1863 vorsah. Der Einteilung der Mitglieder in 6 Klassen entsprach die Annahme von 6 Dienstaltersstufen, deren höchste mit 37 Dienstjahren erreicht wurde. Die Unterscheidung der Unterstützungssätze für verheiratete und unverheiratete Invaliden fiel weg, und endlich wurde der IV., V. und VI. Klasse bei Erreichung eines Dienstalters von 37 Jahren für je 5 weitere Jahre eine monatliche Prämie als Zusatzpension bewilligt. War die Invalidität Folge einer bei der Arbeit oder auf dem Grubenwege ohne eigenes grobes Verschulden erlittenen körperlichen Verletzung, so kam, je nachdem die Arbeitsunfähigkeit sofort oder später eintrat, der höchste bezw. der nächsthöhere Unterstützungssatz der betreffenden Klasse in Anwendung.

Eine gleiche Klassen- und Stufeneinteilung sowie dieselben Pensionssätze wurden auch in das Statut vom 27. Juni 1867 aufgenommen, aber alle Unständigen der VI. Mitgliederklasse einverleibt, der Prämiensatz bei einer Dienstzeit von über 36 Jahren nur der IV. Klasse belassen. Die Höhe der Witwenunterstützungen richtete sich bei den Witwen ständiger Mitglieder in allen drei Statuten nach der Dienstklasse und dem Dienstalter des verstorbenen Mannes. Bei unständigen Mitgliedern erhielten die Witwen im allgemeinen die Hälfte desjenigen Betrages ausbezahlt, auf den sie Anspruch gehabt hätten, wenn ihr Mann ständiges Mitglied gewesen wäre. Später wurde diese Unterstützung durch eine feste monatliche Beihilfe ersetzt. Nur im Falle einer Verunglückung wurde den Witwen, unabhängig davon, der höchste Pensionssatz nach der Dienstklasse des Mannes gewährt.

Auch die Waisenunterstützungen erfuhren durch das Statut von 1857 und dasjenige von 1863 eine weitere Erhöhung.

Bezüglich der Krankengelder folgte das Statut von 1857 mit geringen Abänderungen den Grundsätzen des früheren Reglements mit der Maßgabe, daß die nach Ablauf von 8 Wochen zu gewährende feste Wochenunterstützung für die Verheirateten erhöht wurde.

Ein schon im Jahre 1860 erlassener Nachtrag zu diesem Statut beseitigte indes die bisherige feste Wochenunterstützung ganz und gestand den Arbeitern allgemein für jeden Krankheitstag auf die Dauer von 3, ausnahmsweise von 6 Monaten $^2/_5$ des Normalschichtlohnes zu. Bei der Mannigfaltigkeit der Schichtlohnsätze hatte die vorbezeichnete Art der Krankengeldberechnung jedoch besondere Schwierigkeiten und veranlaßte manchen Irrtum. Es wurden daher im Statut von 1863 feste Krankengeldsätze, auf den Tag berechnet, eingeführt.

Diese Sätze sind auch in das Statut von 1867 mit der Bestimmung übernommen, daß unständige Vereinsgenossen wie bisher zum Bezuge des

Krankengeldes höchstens auf die Dauer von 6 aufeinanderfolgenden Monaten berechtigt seien, ständige Vereinsgenossen jedoch freie Kur und Krankengeld auch über 6 Monate hinaus, und zwar bis zu ihrer Wiederherstellung oder Versetzung in den Ruhestand genießen sollten.

Während nach den Statuten von 1857 und 1863 bei der Lazarettbehandlung das Krankengeld teils zum vollen, teils zum halben Betrag zur Zahlung gelangte, bestimmte das Statut von 1867, daß während des Aufenthalts im Lazarett allen Verheirateten das volle Krankengeld neben der freien Verpflegung, Unverheirateten aber letztere allein zu gewähren sei.

Bei Todesfällen nach kürzerer als sechsmonatiger Krankheitsdauer wurde an Stelle der früheren Zuwendung der vollen achtwöchigen Krankenunterstützung an die Hinterbliebenen durch den zweiten Nachtrag zum Statut von 1857 ein sogenanntes Abschiedskrankengeld für 30 Tage, vom Todestage an gerechnet, — vorerst nur bei den Verheirateten, — von 1867 ab auch bei den Unverheirateten bewilligt. Die für die ständigen Mitglieder und Invaliden bei Sterbefällen vorgesehene Beihilfe zu den Beerdigungskosten wurde in den drei Statuten für die einzelnen Mitgliederklassen verschieden festgesetzt und beim Tode durch Verunglückung in einem höheren Betrage gewährt.

Nach dem Statut von 1867 wurde die Beihilfe auch den Unständigen zugebilligt. Auch wurde in Fällen besonderer Bedürftigkeit dem Knappschaftsvorstande durch statutarische Bestimmung die Möglichkeit geboten, den Mitgliedern außerordentliche Unterstützungen zuzuwenden.

Hinsichtlich der Gewährung freien Schulunterrichts traten in den Statuten von 1857 bis 1867 besondere Veränderungen gegen früher nicht ein. Die Wohltat des freien Unterrichts wurde jedoch auch auf die im Auslande wohnenden ständigen Mitglieder in der Weise ausgedehnt, daß ihnen an Stelle des Schulgeldes und der Bücher eine jährliche Geldvergütung gezahlt wurde.

Als die Gewerbeordnung für den Norddeutschen Bund vom 21. Juni 1869 die Gesetzgebung über die Arbeiterverhältnisse wesentlich veränderte und eine freiere Bewegung der Bergwerkseigentümer und Bergleute herbeiführte, mußte wiederum zu einer Umänderung der Knappschaftsstatuten geschritten werden. Diese erschien aber auch insofern dringlich, als durch die ungünstigen Einwirkungen des deutsch-französischen Krieges und durch die Zunahme der Zahl der Unterstützungsempfänger das Vereinsvermögen schwere Einbußen erlitten hatte und an eine Beseitigung des vorhandenen Fehlbetrages und die finanzielle Sicherstellung des Vereins gedacht werden mußte. Gleichzeitig war eine den veränderten Lebensverhältnissen entsprechende Erhöhung der Leistungen, namentlich der Invaliden-, Witwen- und Waisenunterstützungen, geboten.

Um all diesen Anforderungen zu genügen, wurde ein neues Statut ausgearbeitet, das mit dem 1. Oktober des Jahres 1872 in Kraft trat. Die Tätigkeit des Vereins unter diesem Statut setzte sich bis zum 1. Juli 1886 fort. Von da an gab der fünfte Nachtrag zum Statut, welcher die Einführung des Krankenversicherungsgesetzes vom 15. Juni 1883 beim Saarbrücker Knappschaftsvereine bezweckte, dem Krankenkassenwesen des Vereins eine veränderte Grundlage, bis endlich am 1. Januar 1891 das dritte der großen sozialpolitischen Gesetze vom 22. Juni 1889, betreffend die Invaliditäts- und Altersversicherung eine vollständige Umgestaltung des Vereins erheischte.

Das Statut vom 26. Juli 1872 behandelte zunächst die Rechtsverhältnisse der Mitglieder. Entsprechend den Bestimmungen des Preußischen Berggesetzes waren die auf den Vereinswerken beschäftigten Arbeiter dem Vereine beizutreten verpflichtet, die Beamten der Werke, sowie die Verwaltungsbeamten des Vereins zum Beitritt berechtigt. Die Mitglieder blieben wie früher in aktive und inaktive getrennt. Zu ersteren gehörten die Beamten und Arbeiter, zu letzteren die Invaliden. An Stelle der früheren Einteilung der aktiven Mitglieder in 6 Klassen trat nunmehr eine Teilung in ständige und unständige. Jede dieser Abteilungen zerfiel wieder in Arbeiter, Beamten I. Klasse und Beamten II. Klasse. Weiter galt auch der Grundsatz, daß die ständige Knappschaft sich aus der unständigen ergänzte. Die Aufnahme in die unständige Knappschaft erfolgte, Gesundheit und gute Körperbeschaffenheit sowie den Vollgenuß der bürgerlichen Ehrenrechte vorausgesetzt, durch die Werksverwaltungen. Die Aufnahme in die ständige Knappschaft geschah durch den Knappschaftsvorstand. Erforderlich hierzu waren Gesundheit, ein Alter nicht über 40 Jahre, sowie eine ununterbrochene dreijährige Dienst- bezw. Arbeitszeit an Stelle der früheren fünf- bis sechsjährigen.

Der Freizügigkeit der Bergleute wurde durch die Bestimmung Rechnung getragen, daß die in fremden Knappschaftsvereinen innerhalb des Deutschen Reiches erworbene Dienstzeit zur Anrechnung gelangte, sofern dieselben gleiche Grundsätze in dieser Beziehung anerkannten. Die Beiträge, die für die Arbeiter, die Beamten II. Klasse und die Beamten I. Klasse verschieden waren, wurden nach ganzen Monaten erhoben, auch während der Krankheitszeiten entrichtet und bei den monatlichen Lohnzahlungen bezw. vom Krankenlohn einbehalten.

Aufnahmegebühr und Heiratsgebühr fielen weg, wurden jedoch durch den 2. Nachtrag zum Statut wieder eingeführt. Das Feierschichtengeld bei Beurlaubungen wurde beibehalten und ein gleicher Betrag als Anerkennungsgebühr von solchen Mitgliedern gefordert, die von der Arbeit oder dem Dienste auf der Grube ausschieden, jedoch die bis dahin erworbenen Rechte an den Verein sich erhalten wollten.

Die Ansprüche der ständigen Mitglieder erstreckten sich auf sämtliche Leistungen des Vereins, diejenigen der unständigen nur auf die zeitweise zu gewährenden Unterstützungen, als freie Kur und Arznei, Krankengeld und Sterbegeld. Nur im Falle der Verunglückung fand Gleichstellung der Ansprüche mit denjenigen der ständigen Mitglieder statt. Während der Beurlaubungen ruhten die Ansprüche an den Verein, kamen jedoch zur Geltung, wenn im Verlaufe des Urlaubs ohne eigenes grobes Verschulden Invalidität oder Tod eintraten. Wurden letztere durch Teilnahme an einem vaterländischen Kriege verursacht, so waren die statutarischen Leistungen zwar zu gewähren, jedoch auf die vom Staate bewilligte Unterstützung in Anrechnung zu bringen.

Bezüglich der Leistungen führte das Statut vom 26. Juli 1872 zwar keine Veränderungen in der Art, wohl aber in dem Maße ein. Gleichwie die Beiträge, so erfuhren auch die Unterstützungssätze durchweg eine nicht unwesentliche Erhöhung, während die Bedingungen zur Erlangung des Anspruches im allgemeinen erleichtert wurden.

Krankengeld bezogen nur die Mitglieder der Arbeiterklasse, wenn sie zu freier Kur und Arznei berechtigt waren. Es wurde in gleicher Höhe, mochte die Behandlung im Hause oder im Lazarett erfolgen, den unständigen auf die Dauer von 6 Monaten, den ständigen Genossen dagegen bis zur Wiederherstellung oder Pensionierung gewährt.

An Stelle des bisherigen Abschiedskrankengeldes und der Begräbniskostenbeihilfe trat in jedem Todesfalle eines ständigen wie unständigen Mitgliedes oder Invaliden ein festes Sterbegeld.

Auf die Invalidenpension hatten nur die ständigen Mitglieder wie bisher Anspruch, die unständigen nur im Falle der Verunglückung im Dienste. Für die Höhe der Pension waren Dienstalter und Dienstklasse maßgebend. Nach diesen Grundsätzen wurde die Invalidenpension in 3 Klassen gewährt. Außerdem erhielten die Mitglieder bei einer Dienstzeit über 30 Jahre für jedes weitere Jahr einen monatlichen Prämiensatz. Bei Verunglückung im Dienste und dadurch herbeigeführter Invalidität wurde die Pension um eine besondere Zulage (die Verletzungszulage) erhöht. Unständige Vereinsgenossen, die durch Verunglückung in der Grube invalide wurden, erhielten den niedrigsten Pensionssatz ihrer Klasse und die Zulage.

Die Witwenunterstützungen wurden nach den gleichen Grundsätzen wie bisher, jedoch zu erhöhten Beträgen gezahlt.

Die Unterstützung für die vaterlosen Waisen und für die vater- und mutterlosen Waisen wurde für die Mädchen bis zum Eintritt in das 16., für die Knaben bis zum Eintritt in das 17. Lebensjahr bewilligt. Kinder aus einer Ehe, die ein Invalide einging, und uneheliche, nicht adoptierte Kinder wurden hierbei nicht berücksichtigt.

Die Gewährung freien Schulunterrichts an die Kinder ständiger Vereinsmitglieder wurde im Gegensatz zu früher von der Erreichung einer zehnjährigen Dienstzeit abhängig gemacht. Die einstweilen noch beibehaltene Befugnis des Vereins, Industrie- und Kleinkinderschulen zu unterhalten, wurde durch den 3. Nachtrag zum Statut vom 1. April 1884 ab beseitigt und die Unterhaltung dieser Schulen der staatlichen Bergverwaltung übertragen.

Die inaktiven Vereinsmitglieder hatten außer der Berechtigung zur Invalidenpension, Witwen- und Waisenunterstützung Anspruch auf freie Kur und Arznei, Sterbegeld und freien Schulunterricht für ihre Kinder. Dagegen war ihre Aufnahme in die Vereinslazarette nur ausnahmsweise und unter Verzichtleistung auf die Pension zulässig.

Eine Umformung von Grund aus erfuhren die Bestimmungen über den Verlust der Mitgliedschaft. Während man nach den früheren Statuten davon ausging, daß niemand dem Vereine weiter angehören könnte, dessen Beziehungen zur Werksverwaltung freiwillig oder unfreiwillig gelöst wurden, bot das Statut von 1872 allen aus der Werksarbeit ausscheidenden Mitgliedern die Möglichkeit, sich durch Zahlung des Feierschichtengeldes bezw. der Anerkennungsgebühr den bis zum Austritt erworbenen Anspruch auf die Invalidenpension sowie auf die Unterstützung für die Frau und Kinder zu erhalten. Hierzu war die Abgabe einer Erklärung beim Knappschaftsvorstande innerhalb 4 Wochen vom Tage des Ausscheidens an und die Zahlung der Anerkennungsgebühr monatlich oder auf länger im voraus bezw. die Zahlung des Feierschichtengeldes in gleicher Weise erforderlich. Der Verlust aller Rechte und Ansprüche an den Verein trat erst ein, wenn die erforderliche Erklärung nicht abgegeben oder die Zahlung der betreffenden Gebühr in drei aufeinanderfolgenden Monaten unterlassen wurde, sowie in dem Falle, daß ein Mitglied durch rechtskräftiges Urteil der bürgerlichen Ehrenrechte verlustig ging.

Unständige Mitglieder schieden aus dem Verein aus, wenn sie, den Fall der Verunglückung ausgenommen, nach sechsmonatlicher Behandlung ungeheilt aus der Kur entlassen wurden.

Inbetreff der Wählbarkeit der Mitglieder fand insoweit eine Veränderung statt, als in Zukunft jeder ständige Vereinsgenosse, der das 21. Lebensjahr zurückgelegt hatte, wahlberechtigt wurde. Als Knappschaftsälteste konnten die Mitglieder gewählt werden, welche das 30. Lebensjahr erreicht, mindestens 10 Jahre als aktives Mitglied dem Vereine angehört hatten, lesen, schreiben und rechnen konnten, in dem betreffenden Sprengel wohnhaft und mit keinerlei körperlichen Gebrechen behaftet waren.

Als mit dem Jahre 1884 die Einführung der sozialpolitischen Gesetze begann, handelte es sich zunächst darum, die knappschaftlichen Verhältnisse den Bestimmungen des Krankenversicherungsgesetzes vom 15. Juni 1883 anzupassen. Seit dieser Zeit gehörte dem Vereine außer den eigentlichen Knappschaftsmitgliedern noch eine minderberechtigte, nur gegen Krankheit zu versichernde Klasse unter dem Namen Krankenkassenmitglieder an. Sie bestand aus den im Dienste des Werkseigentümers über Tage beschäftigten Arbeitern und umfaßte

1. die vorübergehend angenommenen Arbeiter,
2. die längere Zeit beschäftigten Arbeiter, die den Erfordernissen zur Aufnahme in die unständige Knappschaft nicht genügten und
3. die jugendlichen Arbeiter, d. h. solche, welche das sechzehnte Lebensjahr noch nicht vollendet hatten.

Die Verschiedenheit der Ansprüche der Mitglieder machte eine Trennung der Leistungen und damit gleichzeitig eine Trennung der Knappschaftskasse in eine Kranken- und Pensionskasse erforderlich.

Von den statutenmäßigen Leistungen entfielen nunmehr auf die Krankenkasse

1. die freie Kur und Arznei,
2. das Krankengeld,
3. das Sterbegeld und die Kosten für Musikaufführungen bei Beerdigung von Mitgliedern,
4. die außerordentlichen Unterstützungen,

auf die Pensionskasse

1. die Invalidenpensionen,
2. die Witwenunterstützungen,
3. die Waisenunterstützungen,
4. die Kosten des Schulunterrichts der Kinder.

Von den Leistungen der Krankenkasse wurden freie Kur und Arznei usw. bis zum Ablauf von 6 Monaten nach Beginn der Krankheit, wenn die Wiedererlangung der Arbeitsfähigkeit in Aussicht stand, bis zu 1 Jahr gewährt.

Die Beiträge zur Krankenkasse wurden jährlich nach dem Bedürfnisse derselben von dem Knappschaftsvorstande unter Zuziehung eines Ausschusses von 9 Knappschaftsältesten festgesetzt.

Das zweite wichtige sozialpolitische Reichsgesetz, das vom 22. Juni 1889 betr. die Invaliditäts- und Altersversicherung, mußte beim Verein bis zum 1. Januar 1891 zur Durchführung gelangt sein. Dies geschah durch das Statut vom 26. Dezember 1890 in der Weise, daß der Verein nach § 5 ff. des Gesetzes die reichsgesetzliche Versicherung selbständig übernahm und durch Bundesratsbeschluß vom 18. Dezember 1890 als besondere Kasseneinrichtung angesehen wurde. Die Umgestaltung der Invalidenversicherung durch das Gesetz vom 13. Juli 1899 erforderte nochmals eine durchgreifende Änderung des Statuts und hatte den Erlaß des neuesten, für den Verein heute maßgebenden Statuts vom 1. Februar 1900 zur Folge. In diesen beiden neuesten Statuten ist der Unterschied zwischen ständigen und unständigen Vereinsmitgliedern vollständig beseitigt. Es haben nunmehr alle über 16 Jahre alten Mitglieder schon nach Ablauf eines Dienstjahres Anspruch auf Invalidenpension.

Die Pensionen selbst sind nicht allein namhaft erhöht, sondern es ist auch die Berechnung der Dienstzeit nach Dienstjahren gegen früher insoweit günstiger geworden, als die überschießenden Monate berücksichtigt werden. Desgleichen sind die früher erhobenen Gebühren bei der Aufnahme in die ständige Knappschaft und bei der Verheiratung in Wegfall gekommen. Es gelangt nur noch ein einheitlicher Wochenbeitragssatz (getrennt für Kranken- und Pensionskasse) zur Erhebung, worin die Beiträge zur reichsgesetzlichen Invalidenversicherung einbegriffen sind.

Wie nur ein Beitrag erhoben wird, so wird auch nur ein Pensionssatz gewährt, der sich bei eintretender Erwerbsunfähigkeit um eine monatliche Zulage erhöht und gleichzeitig bei den reichsgesetzlich zu invalidisierenden Mitgliedern als reichsgesetzliche Leistung gilt. Den ausscheidenden Mitgliedern ist die Erhaltung ihres Pensionsanspruchs unter der Bedingung gestattet, daß sie das reichsgesetzliche Versicherungsverhältnis rechtzeitig fortsetzen und außerdem eine monatliche Anerkennungsgebühr an die Knappschaftskasse entrichten. Die Erhaltung des Anspruchs auf Witwenunterstützung ist nur an die erstere Bedingung geknüpft.

Die im Statut von 1890 vorgesehene allgemeine Anrechnung der in anderen Knappschaftsvereinen, Versicherungsanstalten und Kasseneinrichtungen zurückgelegten Beitragszeit als knappschaftliche Dienstzeit ist durch das Statut von 1900 beseitigt.

Zum Schluß mögen noch diejenigen Leistungen des Vereins angeführt werden, auf die die Mitglieder statutarisch Anspruch haben.

Das Krankengeld beträgt, je nachdem es sich um erwachsene Arbeiter 1. oder 2. Klasse, um Verheiratete oder Unverheiratete oder jugendliche Arbeiter handelt, für den Tag berechnet

	für die ersten 3 Tage der Krankheit sowie für die Sonn- und Fest-Tage	für alle übrigen Tage
A. wenn die Behandlung des Erkrankten nicht in den Lazaretten des Knappschaftsvereins oder in anderen Heilanstalten auf Kosten der Krankenkasse erfolgt	M.	M.
1. für die erwachsenen Arbeiter 1. Klasse		
a) wenn dieselben verheiratet sind	1,00	2,00
b) „ „ unverheiratet sind	0,50	2,00
2. für die erwachsenen Arbeiter 2. Klasse		
a) wenn dieselben verheiratet sind	1,00	1,30
b) „ „ unverheiratet sind	0,50	1,30
3. für die jugendlichen Arbeiter	0,30	0,60
B. bei der Behandlung der Erkrankten in den Lazaretten des Knappschaftsvereins oder in anderen Heilanstalten auf Kosten der Krankenkasse		
1. für die erwachsenen Arbeiter 1. Klasse		
a) wenn dieselben verheiratet sind	1,00	2,00
b) „ „ unverheiratet sind	0,50	1,00
2. für die erwachsenen Arbeiter 2. Klasse		
a) wenn dieselben verheiratet sind	1,00	1,30
b) „ „ unverheiratet sind	0,50	0,65
3. für die jugendlichen Arbeiter	0,30	0,30

Das Sterbegeld wird beim Tode von aktiven Knappschaftskassenmitgliedern und Invaliden in Höhe von 75 M., von Krankenkassenmitgliedern in Höhe von 40 M. gezahlt.

Die für die einzelnen Dienstjahre an Arbeiter zu zahlenden Pensionssätze gehen aus nachstehender Tabelle 3 hervor.

Die monatliche Invalidenpension wird nach Dienstjahren zu 12 Monaten berechnet. Für jeden überschießenden vollen Monat erhöht sich der volle monatliche Pensionssatz für die Arbeiter

in Klasse III um 5 Pf.,
„ „ II „ 8 „
„ „ I „ 13 „

Bei einer Dienstzeit von über 54 Jahren werden die Invalidenpensionen unter Zugrundelegung der vorstehenden Steigerungssätze entsprechend erhöht.

Sobald Erwerbsunfähigkeit im Sinne des Invaliden-Versicherungsgesetzes bei einem Invaliden eintritt, der Anwartschaft auf eine reichsgesetzliche Invalidenrente besitzt, wird dessen Pension um eine Zulage von monatlich 2 M. erhöht. Aktive Mitglieder, welche das 70. Lebensjahr vollendet haben, erhalten eine Alterspension von monatlich 20 M. und zwar bis zum Eintritt der Invalidisierung, wenn sie alsdann eine höhere Invalidenpension zu beanspruchen haben.

Tabelle 3.

Nach Ablauf einer Dienstzeit von Jahren	Invalidenpension für die Arbeiter (Klasse III)		Invalidenpension für die Arbeiter nach Zurücklegung einer Dienstzeit beim Saarbrücker Knappschaftsverein von über 10 Jahren (Klasse II)		über 20 Jahren (Klasse I)	
	monatlich M.	jährlich M.	monatlich M.	jährlich M.	monatlich M.	jährlich M.
1	10,00	120,00				
2	10,60	127,20				
3	11,20	134,40				
4	11,80	141,60				
5	12,40	148,80				
6	13,00	156,00				
7	13,60	163,20				
8	14,20	170,40				
9	14,80	177,60				
10	15,40	184,80				
11	16,00	192,00	16,36	196,32		
12	16,60	199,20	17,32	207,84		
13	17,20	206,40	18,28	219,36		
14	17,80	213,60	19,24	230,88		
15	18,40	220,80	20,20	242,40		
16	19,00	228,00	21,16	253,92		
17	19,60	235,20	22,12	265,44		
18	20,20	242,40	23,08	276,96		
19	20,80	249,60	24,04	288,48		
20	21,40	256,80	25,00	300,00		
21	22,00	264,00	25,96	311,52	26,56	318,72
22	22,60	271,20	26,92	323,04	28,12	337,44
23	23,20	278,40	27,88	334,56	29,68	356,16
24	23,80	285,60	28,84	346,08	31,24	374,88
25	24,40	292,80	29,80	357,60	32,80	393,60
26	25,00	300,00	30,76	369,12	34,36	412,32
27	25,60	307,20	31,72	380,64	35,92	431,04
28	26,20	314,40	32,68	392,16	37,48	449,76
29	26,80	321,60	33,64	403,68	39,04	468,48
30	27,40	328,80	34,60	415,20	40,60	487,20
31	28,00	336,00	35,56	426,72	42,16	505,92
32	28,60	343,20	36,52	438,24	43,72	524,64
33	29,20	350,40	37,48	449,76	45,28	543,36
34	29,80	357,60	38,44	461,28	46,84	562,08
35	30,40	364,80	39,40	472,80	48,40	580,80
36	31,00	372,00	40,36	484,32	49,96	599,52
37	31,60	379,20	41,32	495,84	51,52	618,24
38	32,20	386,40	42,28	507,36	53,08	636,96
39	32,80	393,60	43,24	518,88	54,64	655,68
40	33,40	400,80	44,20	530,40	56,20	674,40
41	34,00	408,00	45,16	541,92	57,76	693,12
42	34,60	415,20	46,12	553.44	59.32	711,84
43	35,20	422,40	47,08	564,96	60,88	730,56
44	35,80	429,60	48,04	576,48	62,44	749,28
45	36,40	436,80	49,00	588,00	64,00	768,00
46	37,00	444,00	49,96	599,52	65,56	786,72
47	37,60	451,20	50,92	611,04	67,12	805,44
48	38,20	458,40	51,88	622,56	68,68	824,16
49	38,80	465,60	52,84	634,08	70,24	842,88
50	39,40	472,80	53,80	645,60	71,80	861,60
51	40,00	480,00	54,76	657,12	73,36	880,32
52	40,60	487,20	55,72	668,64	74,92	899,04
53	41,20	494,40	56,68	680,16	76,48	917,76
54	41,80	501,60	57,64	691,68	78,04	936,48

In diesen Pensionsleistungen sind die auf grund des Invaliden-Versicherungsgesetzes zu gewährenden Renten bereits einbegriffen, dagegen werden die nach diesem Gesetze von anderen zugelassenen Kasseneinrichtungen oder von Versicherungsanstalten festgestellten Invaliden- und Altersrenten auf die Pensionsleistungen des Vereins in der Weise in Anrechnung gebracht, daß sich letztere entsprechend ermäßigen.

Die Einzelbeträge der Witwenunterstützungen, die mit 30 Jahren den Höchstwert erreichen, sind in Tabelle 4 enthalten.

Tabelle 4.

Nach Ablauf einer Dienstzeit des Mannes von Jahren	Unterstützung für die Witwen der Arbeiter (Klasse III)		Unterstützung für die Witwen der Arbeiter nach Zurücklegung einer Dienstzeit des Mannes beim Saarbrücker Knappschaftsverein von			
			über 10 Jahre (Klasse II)		über 20 Jahre (Klasse I)	
	monatlich M.	jährlich M.	monatlich M.	jährlich M.	monatlich M.	jährlich M.
3	4,44	53,28				
4	4,92	59,04				
5	5,40	64,80				
6	5,88	70,56				
7	6,36	76,32				
8	6,84	82,08				
9	7,32	87,84				
10	7,80	93,60				
11	8,28	99,36	8,40	100,80		
12	8,76	105,12	9,00	108,00		
13	9,24	110,88	9,60	115,20		
14	9,72	116,64	10,20	122,40		
15	10,20	122,40	10,80	129,60		
16	10,68	128,16	11,40	136,80		
17	11,16	133,92	12,00	144,00		
18	11,64	139,68	12,60	151,20		
19	12,12	145,44	13,20	158,40		
20	12,60	151,20	13,80	165,60		
21	13 08	156,96	14,40	172,80	14,52	174,24
22	13,56	162,72	15,00	180,00	15,24	182,88
23	14,04	168,48	15,60	187,20	15,96	191,52
24	14 52	174,24	16,20	194,40	16,68	200,16
25	15,00	180,00	16,80	201,60	17,40	208,80
26	15 48	185,76	17,40	208,80	18,12	217,44
27	15,96	191,52	18,00	216,00	18,84	226,08
28	16,44	197,28	18,60	223,20	19,56	234,72
29	16 92	203,04	19,20	230,40	20,28	243,36
30	17,40	208,80	19,80	237,60	21,00	252,00

Wie die Invalidenpension, so erhöht sich für jeden überschießenden vollen Monat der monatliche Unterstützungssatz für die Witwen der Arbeiter

in Klasse III um 4 Pf.,
„ „ II „ 5 „
„ „ I „ 6 „.

Zur Verpflegung und Erziehung der hinterlassenen Waisen von Knappschaftskassenmitgliedern wird nach zurückgelegter dreijähriger Dienstzeit des Vaters eine monatliche Waisenunterstützung (Erziehungsbeihilfe) gewährt

für vaterlose Waisen von . . . . 3 M.
„ vater- und mutterlose Waisen von . . . . 9 „.

Invaliden und Hinterbliebene von Knappschaftskassenmitgliedern, die Ansprüche auf Unfallrenten besitzen, deren Verhältnis zu den knappschaftlichen Leistungen sich nach dem Unfallversicherungsgesetz vom 30. Juni 1900 regelt, erhalten die statutenmäßigen Leistungen unverkürzt, während der Knappschaftsverein dafür von der Berufsgenossenschaft die Überweisung der Rentenbeträge zu beanspruchen hat.

Statistik.

Die Zahl der aktiven Mitglieder betrug nach der für das Jahr 1902 aufgestellten Rechnungs- und Vermögensübersicht im Jahresdurchschnitt 42 694. An laufenden Beiträgen wurden von letzteren aufgebracht 3 556 313,75 M. und ebensoviel vom Werkseigentümer. Invaliden waren am Jahresschlusse 8386, Witwen 5587 und Waisen 4810 vorhanden. An dieselben wurden außer 1417,61 M. Alterspensionen, 8326 volle Jahres-Invalidenpensionen mit 3 764 258,72 M. oder auf den Kopf 452,11 M., 5517 volle Jahres-Witwenunterstützungen mit 1 058 828,18 M. oder auf den Kopf 191,92 M. und 4830 volle Jahres-Waisenunterstützungen mit 202 085,68 M. oder auf den Kopf 41,84 M. gezahlt.

Die Gesamtausgabe für Gesundheitspflege einschl. Krankengeld belief sich auf 1 236 417,76 M. und betrug auf den Kopf aller Kranken (27 263) 45,35 M. Krankengeld empfingen 25 599 Kranke für 482 267 Krankentage mit 680 121,24 M., d. h. es entfielen auf den Kopf 18,80 M. Die Ausübung der Gesundheitspflege erfolgte durch 44 Ärzte in ebensoviel Revieren und durch 5 Spezialärzte, die Lazarettbehandlung der Kranken in 3 Vereinslazaretten.

An Sterbegeldern wurden für 642 verstorbene Mitglieder 48 115,00 M. aufgewendet, 778 außerordentliche Unterstützungen im Gesamtbetrage von 18 229,00 M. bewilligt. Die Ausgaben für Schulzwecke betrugen 65 859,04 M. Die Unterhaltung eines Waisenhauses erforderte 7339,45 M.; an Musikkosten wurden 12 420,10 M. verausgabt.

Die Gesamt-Einnahmen und -Ausgaben, die erzielten Überschüsse und das Vermögen auf den Kopf der Mitglieder, die Zahl der Unterstützungsempfänger und die Aufwendungen für dieselben sind in den Tabellen 5 und 6 vom Jahre 1817 an dargestellt.

Hauptergebnisse des Saarbrücker Knappschaftsvereins in den Jahren 1817 bis einschließlich 1902.

Tabelle 5.

Jahr	Zahl der Vereinsgenossen	Einnahme M.	Einnahme Pf.	Ausgabe M.	Ausgabe Pf.	Vermögen M.	Vermögen Pf.	Vermögen auf den Kopf M.	Vermögen auf den Kopf Pf.
1817	729	19 114	42	16 117	45	58 817	05	80	68
1818	833	33 998	07	20 986	50	67 920	01	81	54
1819	827	40 677	58	36 489	71	69 111	82	83	57
1820	867	33 136	83	31 956	69	71 572	81	82	55
1821	1 003	28 396	30	28 507	79	52 529	83	52	37
1822	875	28 352	12	28 274	58	52 125	69	59	57
1823	777	27 647	50	30 868	30	52 488	32	67	55
1824	928	33 768	19	32 026	96	53 523	52	57	68
1825	1 038	36 302	07	29 249	48	59 350	06	57	18
1826	1 010	44 082	75	40 946	01	66 874	88	66	21
1827	1 177	46 831	26	34 893	15	77 588	38	65	92
1828	1 190	64 913	72	48 847	31	95 779	51	80	49
1829	1 165	77 845	63	57 974	70	124 960	93	107	26
1830	1 245	67 663	12	53 359	50	139 631	62	112	15
1831	1 181	61 134	78	39 681	37	151 875	42	128	60
1832	1 060	69 896	21	55 077	38	157 804	83	148	87
1833	1 272	73 573	60	54 358	68	190 886	93	150	07
1834	1 354	145 986	19	70 502	95	247 851	24	183	05
1835	1 383	148 813	14	59 955	41	272 890	23	197	32
1836	2 058	170 790	83	59 624	88	306 151	48	148	76
1837	2 063	217 859	28	79 571	18	348 684	60	169	02
1838	2 137	243 785	04	97 979	63	391 544	77	183	22
1839	2 427	250 097	45	93 198	72	433 739	79	178	71
1840	2 489	253 892	53	101 760	32	467 932	54	188	—
1841	2 636	262 137	03	92 405	13	500 982	23	190	05
1842	3 130	406 604	45	320 644	53	483 510	04	154	48
1843	2 966	192 748	38	108 477	18	505 884	23	170	56
1844	3 075	203 221	64	107 945	94	519 682	48	169	—
1845	3 350	219 061	03	119 604	42	543 681	90	162	29
1846	3 882	225 802	93	139 303	05	560 431	33	144	37
1847	3 971	221 297	67	195 778	65	449 731	88	113	25
1848	3 389	133 914	64	115 083	75	451 424	71	133	20
1849	4 009	148 466	86	137 095	22	444 852	26	110	96
1850	4 796	166 708	90	145 603	40	464 572	45	96	87
1851	5 785	208 659	38	147 545	13	506 055	75	87	48
1852	6 189	296 976	42	181 272	76	576 088	35	93	08
1853	7 715	369 258	48	250 277	48	638 697	64	82	79
1854	9 176	533 648	08	308 013	23	801 824	65	87	38
1855	10 106	699 874	88	405 303	27	989 779	25	97	94

Tabelle 5 (Fortsetzung).

Jahr	Zahl der Vereinsgenossen	Einnahme		Ausgabe		Vermögen		Vermögen auf den Kopf	
		M.	Pf.	M.	Pf.	M.	Pf.	M.	Pf.
1856	10 941	745 646	83	535 653	85	1 166 597	88	106	63
1857	10 880	662 366	60	484 070	88	1 289 387	28	118	51
1858	10 022	663 674	93	532 489	70	1 256 770	57	125	40
1859	11 110	728 949	38	691 991	56	1 363 417	14	122	72
1860	12 138	602 440	51	484 878	62	1 456 259	13	119	98
1861	12 816	1 187 570	28	1 061 127	32	1 960 753	72	152	99
1862	12 667	779 276	78	754 559	06	2 014 795	08	159	06
1863	12 979	681 438	17	654 249	82	2 021 094	63	155	72
1864	13 826	775 502	78	747 812	08	2 178 715	77	157	58
1865	15 360	870 440	42	859 588	48	2 173 318	25	141	49
1866	16 852	787 850	24	767 699	99	2 182 656	83	129	52
1867	18 399	938 113	50	922 637	33	2 225 105	58	120	94
1868	18 967	1 038 105	86	982 313	02	2 300 762	53	121	30
1869	18 528	1 046 474	51	993 467	87	2 304 933	89	124	40
1870	16 580	939 122	50	965 644	21	2 145 707	12	129	42
1871	16 771	1 065 186	—	1 085 109	48	1 860 335	70	110	93
1872	19 557	1 524 343	05	1 300 604	30	2 217 493	40	113	39
1873	20 541	2 216 213	20	1 972 547	67	2 737 482	64	133	27
1874	21 241	2 319 551	34	2 035 070	40	3 237 837	43	152	43
1875	22,059	2 571 471	79	2 322 363	52	3 628 218	06	164	48
1876	22 588	2 621 325	55	2 332 225	88	3 913 070	57	173	24
1877	22 736	2 589 640	86	2 414 253	24	4 026 194	66	177	09
1878	22 105	2 471 177	86	2 239 042	23	4 016 433	15	181	70
1879	21 794	2 406 944	78	2 103 433	73	3 962 918	98	181	83
1880	22 610	2 604 680	12	2 393 448	72	4 001 351	34	177	97
1881	23 241	2 635 327	52	2 422 847	50	4 027 470	94	173	29
1882	23 751	2 811 532	81	2 684 353	81	4 017 814	32	169	16
1883	24 953	2 611 792	33	2 474 509	37	4 046 168	01	162	15
1884	26 404	2 992 893	59	2 772 501	19	4 245 235	69	160	78
1885	26 765	3 037 155	06	2 891 791	43	4 209 339	59	157	27
1886	26 078	3 676 344	60	3 385 240	91	4 232 318	92	162	29
1887	25 618	3 754 154	62	3 580 126	94	4 357 464	77	170	09
1888	26 118	3 806 105	39	3 592 489	66	4 449 788	67	170	37
1889	27 624	3 955 387	50	3 699 947	97	4 568 288	54	165	37
1890	29 114	4 278 729	02	3 991 524	01	4 739 697	07	162	80
1891	30 042	5 342 131	91	5 081 469	—	6 024 272	70	200	53
1892	30 129	5 332 701	39	5 133 251	27	7 031 890	27	233	39
1893	29 766	5 383 047	14	5 058 420	75	7 319 886	73	245	91
1894	30 361	6 387 999	74	6 124 420	42	7 562 451	76	249	08
1895	31 236	5 980 887	51	5 705 407	44	7 743 056	68	247	89
1896	32 779	6 271 877	80	6 027 796	56	8 081 752	11	246	55
1897	34 709	6 617 727	03	6 219 680	82	8 537 511	61	245	97
1898	36 200	7 010 830	53	6 565 380	21	9 031 274	59	249	48
1899	38 296	7 961 389	93	7 432 721	91	10 010 285	61	261	39
1900	40 473	8 482 226	17	7 863 542	77	10 869 522	95	268	56
1901	41 893	9 235 555	57	8 387 948	23	12 259 179	29	292	63
1902	42 694	9 445 158	35	8 880 400	31	13 713 454	88	321	20

Tabelle 6.

Jahr	Zahl der Invaliden	Zahl der Witwen	Zahl der Waisen	Betrag der Invalidenpensionen		Betrag der Witwenunterstützungen		Betrag der Waisenunterstützungen	
				M.	Pf.	M.	Pf.	M.	Pf.
1817	45	113	67	3 573	—	8 367	09	624	—
1818	52	121	81	4 037	—	8 825	28	934	36
1819	61	122	94	4 477	—	8 667	20	1 516	48
1820	74	126	97	5 086	—	9 172	91	1 727	15
1821	74	128	93	5 248	—	9 617	27	1 736	21
1822	76	137	105	5 171	—	9 927	02	1 971	44
1823	77	147	100	5 132	—	10 183	45	2 072	20
1824	75	152	108	4 984	—	10 590	20	2 057	50
1825	70	157	102	4 571	—	10 708	22	2 132	53
1826	70	161	98	4 571	—	10 698	55	1 915	58
1827	66	174	113	4 542	—	11 132	60	2 164	20
1828	64	177	117	4 288	—	11 286	10	2 275	89
1829	66	181	128	4 237	—	11 224	71	2 424	—
1830	68	183	129	4 648	—	11 339	85	2 511	—
1831	67	184	115	4 771	—	11 484	90	2 422	13
1832	72	186	129	5 943	—	13 142	29	2 521	88
1833	70	191	112	5 463	—	13 283	19	2 353	50
1834	73	198	113	5 601	—	13 681	82	2 271	30
1835	84	209	129	7 740	—	15 134	47	2 441	25
1836	97	210	119	9 654	—	15 179	50	2 441	63
1837	102	222	138	9 707	—	15 796	80	2 527	38
1838	101	233	144	10 182	—	16 240	67	2 778	83
1839	104	236	147	10 425	—	16 139	92	2 869	28
1840	102	250	158	10 880	—	18 893	20	2 976	48
1841	111	250	180	11 619	—	19 474	20	3 218	16
1842	114	261	205	13 490	—	23 742	36	3 988	30
1843	129	277	234	14 680	—	25 474	50	4 447	03
1844	136	290	232	16 166	—	25 588	10	4 632	75
1845	150	304	243	16 972	—	26 871	60	4 779	23
1846	155	315	263	17 693	—	27 999	43	5 501	65
1847	147	332	288	17 317	—	28 797	10	5 972	53
1848	148	338	304	18 104	—	30 802	10	7 089	10
1849	150	345	391	19 663	—	32 761	82	9 639	17
1850	152	355	425	19 538	—	33 250	80	11 202	50
1851	155	366	448	19 615	—	34 649	30	12 123	—
1852	162	372	477	21 053	—	34 959	20	13 129	—
1853	170	389	513	23 469	—	36 084	20	13 837	25
1854	176	416	568	23 417	—	37 940	70	14 552	42
1855	181	430	612	22 347	—	40 201	70	15 889	25
1856	188	454	651	22 779	—	44 006	53	16 889	17
1857	254	496	722	34 046	—	56 308	67	20 896	58
1858	309	533	779	43 638	—	61 505	02	22 007	50
1859	359	573	846	53 678	—	65 757	37	23 368	50
1860	396	628	935	63 884	—	72 188	77	27 495	—
1861	444	664	1001	76 903	—	77 407	47	30 881	—
1862	497	719	1079	84 286	—	81 476	85	34 429	50
1863	588	763	1173	120 820	—	107 837	50	42 219	—

Tabelle 6 (Fortsetzung).

Jahr	Zahl der Invaliden	Zahl der Witwen	Zahl der Waisen	Betrag der Invalidenpensionen		Betrag der Witwenunterstützungen		Betrag der Waisenunterstützungen	
				M.	Pf.	M.	Pf.	M.	Pf.
1864	651	849	1330	139 393	—	121 510	50	48 049	—
1865	700	910	1480	151 799	—	133 181	50	54 135	50
1866	748	991	1590	162 274	—	142 003	50	58 057	—
1867	792	1060	1684	175 345	—	154 677	83	62 478	—
1868	855	1128	1886	184 843	—	166 238	50	68 739	50
1869	960	1190	2051	205 768	—	173 883	50	76 182	50
1870	1064	1273	2308	228 086	—	186 212	50	84 318	50
1871	1107	1396	2681	244 212	—	200 049	—	101 194	—
1872	1166	1458	2622	251 254	—	210 485	50	106 409	50
1873	1523	1535	2700	370 012	—	223 053	—	112 619	50
1874	1659	1641	2797	455 050	—	239 763	—	111 930	—
1875	1904	1752	2951	513 466	—	260 427	—	117 065	50
1876	2182	1820	3022	604 553	—	278 007	—	121 453	50
1877	2371	1933	3069	688 871	—	301 054	—	126 703	—
1878	2560	2024	3162	748 056	—	322 286	—	130 723	50
1879	2731	2144	3298	812 564	—	345 539	50	136 918	50
1880	2805	2240	3336	851 740	—	369 455	50	142 509	—
1881	2907	2334	3376	885 699	50	390 005	—	142 324	—
1882	3029	2438	3424	922 709	84	409 488	—	142 964	—
1883	3111	2598	3539	966 400	—	438 513	—	147 330	—
1884	3142	2734	3663	999 702	50	465 033	50	150 909	—
1885	3292	3034	4265	1 035 787	50	523 339	50	174 213	—
1886	3503	3138	4405	1 109 961	50	557 312	50	185 031	—
1887	3872	3259	4559	1 243 504	20	580 987	—	193 461	—
1888	4153	3415	4737	1 354 288	38	613 648	—	203 367	—
1889	4351	3582	4809	1 456 391	33	648 186	55	205 272	—
1890	4242	3713	4863	1 465 779	51	678 643	50	212 025	—
1891	4654	3852	4833	1 574 087	15	707 770	85	210 203	—
1892	5123	3994	4913	1 836 941	23	747 075	90	211 677	—
1893	6192	4117	4924	2 340 204	40	776 815	35	214 633	—
1894	6527	4263	4864	2 613 377	66	808 914	70	211 315	50
1895	6654	4454	4971	2 731 027	94	850 327	15	214 098	—
1896	6874	4586	4946	2 837 770	95	884 995	75	216 141	—
1897	7111	4718	4905	2 961 117	53	921 014	25	213 445	—
1898	7395	4879	4938	3 110 004	88	956 239	15	212 565	—
1899	7668	5056	4911	3 292 203	15	995 521	30	211 286	61
1900	7869	5254	4947	3 452 111	25	1 038 437	65	209 454	—
1901	8178	5396	4791	3 655 891	25	1 080 819	50	207 717	—
1902	8386	5587	4810	3 764 258	72	1 058 828	18	202 085	68

V. Die Knappschafts-Berufsgenossenschaft.

Das am 1. Oktober 1885 in Kraft getretene Unfall-Versicherungsgesetz vom 6. Juli 1884 hat für die Arbeiter auf den königlichen Gruben an der Saar die einschneidende Bedeutung gehabt, daß der Saarbrücker Knappschaftsverein vom genannten Zeitpunkt ab von der Verpflichtung zur Fürsorge für die im Betriebe Verunglückten befreit und letztere der Knappschafts-Berufsgenossenschaft, also lediglich den Unternehmern, übertragen wurde.

Die staatlichen Steinkohlengruben bei Saarbrücken gehören zur Sektion I der Knappschafts-Berufsgenossenschaft, die den Oberbergamtsbezirk Bonn, einschließlich Waldeck mit Pyrmont aber mit Ausnahme der Hohenzollernschen Lande, ferner Birkenfeld, Hessen und Elsaß-Lothringen umfaßt. Von den 41 Vertrauensmänner-Bezirken, in welche die Sektion geteilt ist, entfallen 11 auf das Saarrevier.

Da die Anwendung des Gesetzes für den Saarbezirk nichts Absonderliches bietet, so sei hier lediglich auf die Höhe der Leistungen hingewiesen; sie haben seit Inkrafttreten des Gesetzes bis einschließlich 1902 innerhalb der Sektion I insgesamt 23 557 272 M. betragen, wovon auf die Bergwerke des Saarbrücker Bezirks 11 609011 M. kommen (s. Tabelle 7).

Tabelle 7.

1.	2.		3.		4.		5.		6.	
Kalenderjahr	Auf grund des Unfallversicherungsgesetzes waren zu leisten: an erhöhtem Krankengeld von den Werken		an Entschädigungen seitens der Genossenschaft		Beitragspflichtige Lohnsumme sämtlicher Werke		Gesamtumlage der Sektion I		Davon entfallen auf den Saarbrücker Bezirk	
	M.	Pf.	M.	Pf.	M.	Pf.	M.	Pf.	M.	Pf.
vom 1. Okt. 1885 bis 31. Dez. 1886	5 666	45	38 899	07	28 561 455	86	429 300	—	219 130	—
1887	3 624	13	108 827	74	22 482 556	91	724 103	76	360 240	46
1888	3 155	25	185 546	41	23 392 900	13	878 015	25	419 970	33
1889	2 680	40	240 122	59	26 211 030	92	943 463	80	458 434	07
1890	2 334	74	262 238	64	31 419 322	40	1 061 691	61	540 265	74
1891	4 433	13	323 921	81	32 828 788	76	1 259 599	30	647 220	39
1892	5 233	47	372 243	24	31 511 868	80	1 375 120	52	704 686	87
1893	5 927	63	446 896	87	26 963 719	62	1 421 900	67	690 636	40
1894	4 103	13	490 864	84	29 514 160	20	1 442 697	23	707 984	62
1895	3 940	06	539 417	02	30 306 553	16	1 452 216	17	727 045	18
1896	3 855	03	591 716	59	33 147 903	77	1 486 761	32	747 698	60
1897	3 770	53	644 938	14	35 262 780	57	1 308 312	51	652 297	86
1898	3 446	19	708 743	40	37 625 282	14	1 442 137	12	719 914	91
1899	3 943	61	784 425	44	39 970 145	64	1 583 032	78	772 472	99
1900	3 853	85	849 736	84	43 600 811	60	1 707 819	43	810 206	56
1901	4 760	91	950 399	07	47 795 854	60	2 386 364	40	1 122 417	53
1902	4 842	70	1 043 793	16	50 050 099	53	2 654 736	20	1 308 388	59
Summe	69 571	21	8 582 730	87	—	—	23 557 272	07	11 609 011	10

Von den im Jahre 1902 von den Gruben des Saarbrücker Bergwerksdirektionsbezirks gezahlten Entschädigungen entfielen auf die

Kosten des Heilverfahrens	5 848,37	M.
Verletztenrenten	618 488,58	„
Beerdigungskosten	6 003,73	„
Witwenrenten	128 513,00	„
Witwenabfindungen	2 680,20	„
Waisenrenten	211 461,57	„
Aszendentenrenten	9 252,29	„
Renten an Ehefrauen } der in Krankenhäusern untergebrachten Verletzten	5 862,13	„
„ „ Kinder } der in Krankenhäusern untergebrachten Verletzten	16 253,79	„
„ „ Aszendenten } der in Krankenhäusern untergebrachten Verletzten	490,05	„
Kur- und Verpflegungskosten an Krankenhäuser	38 939,45	„
Summe	1 043 793,16	M.

Die Zahl der entschädigungspflichtigen Unfälle auf den staatlichen Gruben betrug im Jahre 1902 (siehe Tabelle 8) 699, wovon 255 eine mehr

Tabelle 8.

1.	2.	3.	4.	5.	6.	7.	8.	9.	10.
Kalenderjahr	Zahl der entschädigungspflichtigen Unfälle auf den königl. Gruben	von denselben: verursachten vorübergehende Erwerbsunfähigkeit von mehr als 13 Wochen bis 6 Monate	von denselben: verursachten dauernde Erwerbsunfähigkeit		von denselben: hatten tödlichen Ausgang	Zahl der entschädigungsberechtigten Hinterbliebenen der Getöteten			
			teilweise	völlige		Witwen	Kinder	Aszendenten	Summe
vom 1. Okt. 1885 bis 31. Dez. 1886	207	52	47	64	44	36	107	2	145
1887	243	53	66	65	59	46	155	4	205
1888	243	65	52	37	89	75	260	1	336
1889	228	29	89	52	58	44	131	2	177
1890	278	35	144	27	72	36	110	6	152
1891	291	40	160	19	72	48	157	3	208
1892	262	78	120	7	57	41	106	2	149
1893	323	121	132	2	68	45	153	6	204
1894	335	161	113	5	56	41	118	3	162
1895	307	91	141	6	69	48	158	2	208
1896	372	137	177	9	49	35	114	2	151
1897	434	175	188	6	65	38	104	8	150
1898	474	210	201	5	58	35	119	7	161
1899	493	204	215	6	68	46	131	5	182
1900	515	221	218	4	72	47	163	4	214
1901	697	358	267	12	60	41	121	5	167
1902	699	376	247	8	68	48	159	4	211

als sechsmonatliche Erwerbsunfähigkeit zur Folge hatten. Die Zahl der tödlichen Unfälle ist mit der Vermehrung der Belegschaft von 44 im Jahre 1885/1886 auf 68 im Jahre 1902 gestiegen. Die Zahl der entschädigungsberechtigten Hinterbliebenen betrug zuletzt 211.

Die Zahl der Betriebe, die Verteilung der versicherten Personen auf die letzteren, die Zahl der angemeldeten und entschädigungspflichtigen Unfälle, die Höhe der gezahlten Entschädigungen, der erhobenen Umlagen und der Verwaltungskosten für die gesamte Sektion I in den Jahren 1885/1886 bis 1902 endlich sind in umstehender Tabelle 9 zusammengestellt.

VI. Wohlfahrtseinrichtungen.

1. Schulen.

Bezeichnend für die rege Fürsorge, welche die preußische Staatsverwaltung dem Schulwesen stets entgegengebracht hat, ist der Umstand, daß der Saarbrücker Knappschaftsverein zum Träger des Schulwesens in den von seinen Mitgliedern bewohnten Ortschaften gemacht wurde. Das unter dem 29. November 1817 erlassene Knappschafts-Reglement bestimmte nämlich bereits, daß

> „neben der materiellen Unterstützung auch die sittliche Hebung der bergmännischen Bevölkerung und besonders der Jugend zu einem Hauptgegenstande der verwaltenden Fürsorge gemacht werden solle“.

Auf dieser Grundlage entwickelten sich, begünstigt von dem raschen Emporblühen des Bergbaues, die auf die Erziehung der bergmännischen Jugend hinzielenden Einrichtungen. Seit 1817 bestritt der Knappschaftsverein u. a. die Kosten des Elementarschulunterrichtes für die Kinder der Knappschaftsgenossen, welche dem Verein als Mitglieder angehörten, lieferte die von der Schulverwaltung vorgeschriebenen Bücher und trug die Unterhaltungskosten für die Sonntags- und die Industrieschulen bis zur Übernahme derselben in die staatliche Verwaltung.

a) Kleinkinderschulen.

Die ersten Kleinkinderbewahranstalten im Bergwerksdirektionsbezirk Saarbrücken sind von dem Saarbrücker Knappschaftsverein im Jahre 1867 in den Bergmannskolonien Altenkessel und Buchenschachen ins Leben gerufen worden.

Da diese sich bewährten und bei der Bergmannsbevölkerung großen Anklang fanden, so folgte die Gründung von weiteren 15 Anstalten.

Sektion I der Knappschafts-

	1885/1886	1887	1888	1889	1890	1891	1892
Zahl der Betriebe	683	716	799	878	949	955	909
Versicherte Personen							
beim Steinkohlenbergbau .	37 571	37 294	37 411	38 817	41 015	42 472	42 802
„ Braunkohlen „ „ .	1 865	1 821	1 959	2 230	2 355	2 940	2 971
„ Erz- „ „ .	33 803	34 736	36 928	37 854	38 350	37 445	37 021
bei Salinen	259	290	281	277	277	297	297
„ anderen Mineral- gewinnungen	3 239	3 784	3 616	3 722	3 812	3 934	3 861
zusammen . .	76 737	77 925	80 195	82 900	85 809	87 088	86 952
Zahl der angemeldeten Unfälle	4 910	5 328	5 732	5 388	5 279	5 727	6 103
auf 100 Versicherte . . .	6,4	6,8	7,1	6,6	6,2	6,6	7,0
davon sind entschädigungs- pflichtig	423	694	575	614	717	706	666
Entschädigungen . . . . . M.	84 931,72	249 514,67	377 924,98	516 020,87	612 031,68	742 464,34	856 333,82
Verwaltungskosten . . . . „	30 529,91	28 921,59	35 419,67	43 609,23	52 760,19	58 807,60	65 658,54
Umlage . . . . „	429 330,30	724 103,76	878 015,82	943 453,02	1062608,39	1259590,13	1375120,52

Die unmittelbare Veranlassung zur Einrichtung von Kleinkinderbewahranstalten bot der Umstand, daß nach § 60 des Knappschaftsstatuts vom 3. Januar 1863 der Knappschaftsverein, wie erwähnt, zur Zahlung eines Teils des Schulgeldes und zwar für die Kinder vom 5. bis zum zurückgelegten 14. Lebensjahre verpflichtet war. Infolge dieser Bestimmung sahen sich die Eltern veranlaßt, bereits ihre fünfjährigen Kinder zur Schule zu schicken und so aus obiger Vorschrift Nutzen zu ziehen. Das für die Kinder gezahlte Schulgeld vereinnahmten die Elementarlehrer.

Mit Beginn des Etatsjahres 1884/85 gingen die bis dahin bestehenden 15 Kleinkinderbewahranstalten in die staatliche Verwaltung über und wurden der Aufsicht der Berginspektionen, in deren Bereich sie lagen, unterstellt. Den Grund zu dieser Übernahme durch den Staat bildete einerseits die Absicht, den Knappschaftsverein finanziell zu entlasten, andererseits die Erwägung, daß die Anstalten wirklich nutzbringend für die Belegschaft wirkten, und daß der Arbeitgeber durch die weitere Erhaltung und Ausgestaltung der Schulen den Wünschen seiner Arbeiter entgegenkam.

Nachdem die Übernahme erfolgt war, wurden die Anstalten nach den bei ihrer Leitung bis dahin beobachteten Gesichtspunkten fortgeführt, sowie Zweck und Unterrichtsgegenstände der Anstalten durch das Reglement

Berufsgenossenschaft. **Tabelle 9.**

1893	1894	1895	1896	1897	1898	1899	1900	1901	1902
954	782	703	736	780	833	886	940	787	730
39 999	43 637	44 592	46 643	48 554	50 755	53 231	56 856	60 708	61 655
2 810	2 763	3 358	3 375	3 654	4 393	5 354	6 495	8 135	6 330
35 389	33 197	31 902	31 874	32 869	32 752	34 366	36 361	35 116	. 32 327
298	290	296	306	292	312	319	341	261	255
3 584	3 395	3 436	3 608	3 735	3 748	3 930	4 089	4 374	4 517
82 080	83 282	83 584	85 806	89 104	91 960	97 200	104 142	108 594	105 084
6 293	6 967	7 268	8 501	8 588	9 562	9 412	10 038	11 705	11 011
7,7	8,4	8,7	9,9	9,6	10,4	9,7	9,6	10,8	10,5
725	740	749	823	879	941	1 050	1 072	1 430	1 496
961 691,65	1050091,80	1142648,38	1248736,62	1362741,92	1482768,88	1606018,07	1748024,31	1973748,09	2217279,50
67 255,37	71 959,14	74 595,92	102 945,42	91 239,24	100 050,14	123 334,83	99 891,65	111 247,14	126 523,41
1421900,67	1442697,23	1452216,17	1486761,32	1308332,90	1442137,12	1583039,02	1707819,43	2386345,82	2654736,10

vom 1. Juli 1887 näher begrenzt. Danach würden die Anstalten besser durch die Bezeichnung „Kleinkinderschulen" getroffen sein, da es sich um die Aufnahme und Erziehung kleiner Kinder im Alter von 3 bis 6 Jahren in besonderen Kindergärten handelt.

Am 1. April 1887 trat zu obigen 15 Anstalten noch die von der evangelischen Gemeinde zu Friedrichsthal in Bildstock 1879 gegründete Anstalt und am 1. Juli 1891 die in eine Kleinkinderbewahranstalt umgeänderte bisherige Industrieschule zu Völklingen, sodaß nunmehr 17 Kleinkinderbewahranstalten bestehen, deren Unterhaltung im Jahre 1902 27 374,72 M. erforderte. Der Schulbesuch ist ein sehr reger und bei dem reichen Kindersegen der Saarbrücker Bergleute von Jahr zu Jahr in erfreulicher Weise gestiegen. Während im Jahre 1868 insgesamt 566 Kinder den Kinderbewahranstalten zur Beaufsichtigung übergeben wurden, betrug diese Zahl bereits 1849 im Jahre 1884 und 2648 im Jahre 1902.

Die Schulgebäude, in welchen die Kleinkinderbewahranstalten untergebracht sind, sind teilweise auf Kosten des Staats errichtet worden, teils gehören sie dem Knappschaftsverein oder Privaten, welche eine Mietsentschädigung dafür erhalten. Neben der Wohnung der aufsichtsführenden Lehrerin enthalten die Anstalten einen großen Schul- und Speisesaal und einen großen Spielplatz im Freien.

b) Industrie- und Haushaltungsschulen.

Die im Bezirke der Bergwerksdirektion zu Saarbrücken zur Erziehung der Töchter der Bergleute bestehenden Industrieschulen sind ebenso wie die Kleinkinderbewahranstalten bezw. -Schulen knappschaftlichen Ursprungs und bis zu ihrem Übergange in die staatliche Verwaltung aus Mitteln der Knappschaftskasse unterhalten worden.

Die geschichtliche Entwickelung der Industrieschulen unter knappschaftlicher Verwaltung seit dem Jahre 1817 bedarf an dieser Stelle keiner näheren Erörterung; es genügt zu erwähnen, daß der Saarbrücker Knappschaftsverein im Jahre 1831 drei, im Jahre 1851 vier, 1861 neun und 1871 fünfzehn derartige Anstalten unterhalten hat.

Im Jahre 1873 beschloß die Staatsbergverwaltung, die Industrieschulen in Anerkenntnis ihrer Wichtigkeit für die Fortbildung der aus der Volksschule entlassenen Bergmannstöchter und damit zugleich für die sittliche und wirtschaftliche Hebung des gesamten Bergarbeiterstandes auf ihren Etat zu übernehmen und damit den Knappschaftsverein zu entlasten. Dieser Beschluß wurde innerhalb der nächsten 10 Jahre durchgeführt, sodaß im Jahre 1883/84 alle damals bestehenden (12) Industrieschulen des Saarbrücker Bezirks sich unter Leitung der Bergverwaltung befanden.

In weiterer Entwickelung der Verhältnisse traten mehrfach zweckentsprechende Veränderungen ein. So mußte die Schule zu Quierschied ungünstiger Lage wegen nach Friedrichsthal, die von Burbach nach Walpershofen und die von Malstatt nach Spiesen verlegt werden. Die Schule zu Völklingen ist auf besonderen Antrag der Ausschußmitglieder der Grube Gerhard mit dem 1. Juli 1891 in eine Kleinkinderbewahranstalt umgeändert worden.

Zurzeit befinden sich im Bezirke folgende Industrieschulen

a) im Inspektionsgebiete II. Gerhard;
   1. zu Püttlingen,
   2. „ Altenkessel;

b) im Inspektionsgebiete III. Von der Heydt;
   3. zu Buchenschachen,
   4. „ Walpershofen;

c) im Inspektionsgebiete IV. Dudweiler;
   5. zu Dudweiler;

d) im Inspektionsgebiete V. Sulzbach;
   6. zu Sulzbach;

e) im Inspektionsgebiete VI. Reden;
   7. zu Reden,
   8. „ Heiligenwald;

f) im Inspektionsgebiete VII. Heinitz;
9. zu Elversberg,
10. „ Spiesen;

g) im Inspektionsgebiete VIII. König;
11. zu Neunkirchen,
12. „ Wiebelskirchen;

h) im Inspektionsgebiete IX. Friedrichsthal;
13. zu Bildstock,

zusammen also 13 Industrieschulen. An ihnen waren zur Erteilung des Unterrichts 13 Lehrerinnen angestellt; der Schulbesuch belief sich im Jahre 1902 durchschnittlich auf 476 Mädchen gegen 440 im Vorjahre.

Die Industrieschulen sind über den ganzen Bezirk verteilt und verfolgen den Zweck, den aus der Volksschule entlassenen Bergmannstöchtern im Alter von 14 bis 16 Jahren eine erweiterte Unterweisung in den weiblichen Handarbeiten zu bieten; gelehrt werden hiernach hauptsächlich alle Näh-, Flick- und sonstigen Ausbesserungsarbeiten sowie die Neufertigung von Kleidungsstücken und von Wäsche für die Familien der Bergleute. Gelegentlich wird auch die Wäsche für die knappschaftlichen Lazarette und die staatlichen Schlafhäuser neu gefertigt oder ausgebessert. Gut veranlagte Mädchen oder solche, die ihren Unterhalt später als Näherinnen zu erwerben trachten, werden im Gebrauch der Nähmaschine geübt und im Zuschneiden und Anfertigen einfacher Frauenbekleidung und der Leibwäsche bis zur Selbständigkeit unterwiesen.

Außer dem Unterricht in weiblichen Handarbeiten wird neuerdings den Besucherinnen der Industrieschulen Gelegenheit gegeben, sich im Haushalt und in der Kochkunst auszubilden. Zu diesem Zwecke sind an einzelnen Orten, z. B. zu Dudweiler, Von der Heydt, Neunkirchen, Göttelborn, die Industrieschulen zu Haushaltungsschulen erweitert und besondere Kochkurse eingerichtet worden. Maßgebend bei der Einrichtung dieser Koch- und Haushaltungsschulen war die Erkenntnis, daß es zur Hebung des Arbeiterstandes nötig sei, die jungen Mädchen zu Fleiß, Ordnungsliebe, Reinlichkeit und Sparsamkeit im Haushalt zu erziehen, damit sie imstande seien, dem von der Arbeit heimkehrenden Manne eine geordnete und behagliche Häuslichkeit zu bieten.

Die Kosten für die laufende Unterhaltung der Industrieschulen werden aus Staatsmitteln bestritten, welche in der erforderlichen und alljährlich auf grund eines Voranschlages ermittelten Höhe von der Königlichen Bergwerksdirektion zu Saarbrücken auf die einzelnen Schulen verteilt werden. Sie betrugen innerhalb der letzten 10 Jahre 131 520,96 M., sodaß durchschnittlich im Jahre 13 152,10 M. aufgewendet wurden. Die in diesem Zeitraum vorhanden gewesenen 13 Schulen sind im Durchschnitt jede von 320 Schülerinnen besucht worden. Die laufenden Ausgaben für eine Schule stellen sich innerhalb des Zeitraumes von 1893 bis 1902 im Gesamtdurchschnitte jährlich auf 1096 M., wovon auf jede Schülerin die Summe von rund 34 M. entfällt.

Die Gebäude, in welchen die Industrieschulen untergebracht sind und die Industrie-Lehrerinnen zugleich wohnen, gehören teilweise dem Bergfiskus, teilweise dem Knappschaftsverein oder sonstigen dritten Personen und sind von den letzteren gegen eine jährlich zu zahlende Entschädigung gemietet worden.

c) Werksschulen.

Die bergmännischen Fortbildungsschulen des Saarbrücker Direktionsbezirks sind hervorgegangen aus den s. Z. von dem Knappschaftsvereine in den Hauptorten des Bezirkes eingerichteten Sonntagsschulen. Der Besuch dieser Schulen war für die jugendlichen Bergleute vorgeschrieben, da das damalige Knappschaftsstatut die Aufnahme als ständiges Mitglied auch vom Bestehen einer Prüfung in den Kenntnissen der Elementarschule abhängig machte.

Nachdem Einzelversuche mit eigentlichen Fortbildungsschulen zu einem günstigen Ergebnis geführt hatten, wurden die Sonntagsschulen im Jahre 1869 aufgelöst und an deren Stelle von der Königlichen Bergwerksdirektion bergmännische Fortbildungsschulen, die hier im Bezirk Werksschulen genannt werden, eingerichtet. Dieselben sind Zwangsschulen und dazu bestimmt, den jugendlichen Bergleuten unter 18 Jahren Gelegenheit zu bieten, die in der Volksschule erworbenen Kenntnisse zu befestigen und zu erweitern. Der Unterricht wird in einer oder mehreren Klassen und zwar meist an zwei Wochentagen in je 2 Stunden erteilt. Nach dem aufgestellten Lehrplan erstreckt sich der Unterricht auf die deutsche Sprache, Rechnen, Geschichte, Geographie, Naturkunde, Schreiben und Zeichnen. In den größeren Orten mit bergmännischer Bevölkerung und mehreren Werksschulklassen werden die Schüler nach ihren Leistungen auf Unter- und Oberklassen verteilt. Der Zeichenunterricht beschränkt sich auf letztere. Aus ihnen gehen auch vorzugsweise die Schüler der Bergvorschulen hervor.

Im Jahre 1869 bestanden im Saarbrücker Direktionsbezirk 11 Werksschulen mit 13 Abteilungen und 540 Schülern, im Jahre 1879 13 Schulen mit 27 Klassen, 31 Lehrern und 706 Schülern und im Jahre 1902 endlich 40 Schulen mit 70 Klassen, 67 Lehrern und im Durchschnitt 2643 Schülern, die in den letzten 10 Jahren einen Kostenaufwand von 166 059,23 M. oder durchschnittlich im Jahre einen solchen von 16 605,92 M. verursachten.

Das gesamte Werksschulwesen untersteht der Königlichen Bergwerksdirektion; die äußere Leitung jeder einzelnen Schule hat diejenige Königliche Berginspektion, in deren Bezirk die Schule liegt. Die innere Aufsicht über den Schulunterricht üben die drei Hauptlehrer der Bergvorschulen aus, zu welchem Zwecke der ganze Schulbezirk in drei Reviere eingeteilt ist. Die Hauptlehrer überwachen den Unterricht, haben über den Erfolg desselben zu berichten, Verstöße gegen die Schulordnung zur Anzeige zu bringen, etwaige Vorschläge inbetreff des Stundenplans zu machen und dergl.

Als Lehrer an den Werksschulen wirken ausschließlich die Lehrer der betreffenden Gemeindeschulen. Die Schulräume werden meistens von den Gemeinden unentgeltlich zur Verfügung gestellt, doch verfügen auch einzelne Berginspektionen über eigene Schulstuben.

Zum Besuche der Werksschulen sind alle Bergleute, welche in den betreffenden oder benachbarten Orten wohnen oder in naheliegenden Schlafhäusern oder Privatwohnungen untergebracht sind, laut Bestimmung der Arbeitsordnung bis zum Ablaufe desjenigen Halbjahres verpflichtet, in welchem sie das 18. Lebensjahr vollenden. Die Kosten des Unterrichts und der Unterhaltung der Werksschulen tragen ausschließlich die Berginspektionen.

Seit Anfang 1900 wird auf Grube Göttelborn anschließend an die bestehenden Werksschulen ein Lehrgang in der Obstzucht und Obstpflege abgehalten, der an zwei Tagen der Woche in den Nachmittagsstunden in dem Göttelborner Zechenhause bezw. in dem zu dem Zwecke angelegten Pflanzgarten stattfindet.

2. Konsumvereine.

Vor Errichtung der jetzt im Saarrevier auf fast sämtlichen Berginspektionen vorhandenen Konsumvereine, von denen einzelne auf eine mehr als 30jährige Vergangenheit zurückblicken können, bestanden bis zum Jahre 1867 auf den Gruben des Bezirks Brot- und Mehlgelderfonds, welche zum Ankauf von Brot und Mehl dienten. Aus den in den Lagerhäusern der Gruben angesammelten und unter der Verwaltung der Grubenkassen stehenden Vorräten entnahmen die Bergarbeiter vorschußweise ihren Bedarf an Lebensmitteln für sich und ihre Angehörigen. Die Aufhebung dieser Fonds im Jahre 1868 war die Veranlassung zur Gründung der ersten drei Konsumvereine auf den Gruben Louisenthal, Von der Heydt und Dudweiler, zu denen im Laufe der Zeit noch weitere sechs getreten sind. Diese Konsumvereine sind jetzt alle eingetragene Genossenschaften mit beschränkter Haftpflicht. Die Zahl der Verkaufsstellen betrug im Jahre 1902 36, diejenige der Mitglieder 10 432, der Umschlag 3 611 295 M. und der Reingewinn 348 803 M. (s. Tabelle 10).

Rechnungsergebnisse der bergmännischen Konsumvereine bezw. Einkaufsgenossenschaften auf den Saarbrücker Steinkohlengruben im Jahre 1902.

Tabelle 10.

Nr.	Bezeichnung des Vereins	Stiftungsjahr	Mitgliederzahl	Hauptgegenstände des Geschäfts	Zahl d. Verkaufsstellen	Berechnung des Reingewinnes	
						Summe des Verkaufserlöses M.	Reingewinn M.
1	Ensdorfer Konsumverein	1890	1306	Lebensmittel aller Art, Haushaltungsbedürfnisse	5	262 459	36 028
2	Geislauterner Konsumverein	1900	756	dsgl.	3	208 135	25 785
3	Louisenthaler Konsumverein	1868	1605	Lebensbedürfnisse	5	521 613	60 514
4	Einkaufsgenossenschaft der Grube Von der Heydt	1868	1455	Lebensmittel, Haushaltungsbedürfnisse aller Art, eigene Bäckerei	4	646 619	—
5	Konsumverein d. Grube Dudweiler-Jägersfreude	1868	1731	Lebensmittel	4	412 918	53 640
6	Konsumverein d. Grube Reden	1894	740	Wirtschaftsbedürfnisse und Lebensmittel	2	200 846	19 673
7	Konsumverein d. Grube Heinitz	1868	2086	Lebensmittel, Haushaltungsbedürfnisse aller Art, Bäckerei	8	1 110 995	126 786
8	Konsumverein d. Grube Göttelborn	1891	404	Lebensmittel und Haushaltungsgegenstände aller Art	2	130 562	13 965
9	Konsumverein d. Grube Camphausen	1898	349	Lebensmittel aller Art und Kurzwaren	3	117 148	12 412
	Summe		10 432		36	3 611 295	348 803

Die Konsumvereine haben den Zweck, den Bergleuten gute Lebensmittel aller Art sowie Haushaltungsgegenstände durch Ankauf in größeren Mengen gegen Barzahlung zu möglichst billigen Preisen zu verschaffen. Auf den Zechen Von der Heydt und Heinitz betreiben die Vereine große Dampfbäckereien, welche sich bewährt haben. Die Geschäfte der Vereine werden durch ein Statut geregelt. Nach diesem geschieht die Verwaltung der Vereine durch einen Vorstand, dem der Werksdirektor sowie sein Vertreter stets angehören, und durch einen Aufsichtsrat. Die Genossen üben ihre Rechte in der Generalversammlung aus, der auch die Wahl des Vorstandes und Aufsichtsrats zusteht.

Die Haftpflicht der Genossen für die Verbindlichkeiten der Genossenschaft ist für alle Mitglieder auf den Höchstbetrag von 30 M. beschränkt. Der erzielte Überschuß wird unter die Genossen nach Maßgabe der von ihnen in der betreffenden Rechnungszeit von den Vereinslagern bezogenen Waren als Dividende verteilt. Der von allen Vereinen stets befolgte und auch noch heute beibehaltene Grundsatz, nur gegen bar zu verkaufen, hat den Zweck, die Bergleute an sofortige Bezahlung zu gewöhnen und auf diesem Wege auf sie erzieherisch einzuwirken.

Die Konsumvereine sind also ganz unabhängige, vom Betriebe losgelöste und nur unter Aufsicht der Berginspektionen stehende Einrichtungen; an denen teilzunehmen jedem Bergmann vollständig freisteht und die im Laufe der Jahre äußerst segensreich gewirkt haben.

3. Kaffeeküchen und Menagen.

Um den Bergleuten Gelegenheit zu geben, ein billiges Frühstück in guter Beschaffenheit sich zu verschaffen und dieses in einem behaglichen, im Winter gewärmten Raume einzunehmen, sind seit dem Jahre 1886 auf verschiedenen Gruben in der Nähe der Schächte Kaffeeküchen eingerichtet, die im Anschluß an die Konsumvereine oder durch eine besondere Betriebsverwaltung unter Verantwortlichkeit des Werksdirektors und unter Mitwirkung eines Kaffeeküchenausschusses geleitet werden. Der letztere besteht gewöhnlich aus einem Berginspektor, einem oberen Werksbeamten und drei von dem Arbeiterausschuß gewählten Arbeitern.

Ein Lagerhalter, welchem auch die Wirtschaftskonzession erteilt ist, versieht den Betrieb gegen eine angemessene Vergütung. Außerdem genießt derselbe meist freie Wohnung, freies Licht und freie Feuerung.

Die Kaffeeküchen sind entweder in den Schlafhäusern oder in besonderen, aus eigenen Mitteln erbauten Gebäuden untergebracht, wie dies z. B. für Grube Maybach zutrifft. Dort befinden sich im Erdgeschoß ein geräumiger heller Aufenthaltsraum von 123,5 qm Größe für die Arbeiter, eine große Kochküche mit Anrichteraum und zwei Räume für die Beamten. Im oberen Stock liegt ein Saal und die Wohnung für den Lagerhalter.

Der Umsatz in den Kaffeeküchen ist im allgemeinen ganz erheblich.

So wurden z. B. auf Grube Maybach im Jahre 1903 durchschnittlich am Tage verzehrt

Brot . . .	im Betrage von	16,00 M.
Wurstwaren	„ „ „	40,00 „
Kaffee . .	„ „ „	50 l
Selterwasser	„ „ „	50 Fl.
Limonade .	„ „ „	110 „
Bier . . .	„ „ „	320 l.

Bis jetzt sind bereits 27 Kaffeeküchen eingerichtet, die alle sich eines starken Besuchs zu erfreuen haben. Die erzielten Überschüsse werden zur Unterhaltung und Ausbesserung des Mobiliars und der Gebäude, zu Erweiterungen, Neubauten usw. verwendet.

Wie schon in dem Abschnitt über die Schlafhäuser hervorgehoben, bestehen auf einzelnen Gruben neben den Verkaufsanstalten der Konsumvereine noch besondere Menagen, die fertige Speisen und Getränke verabfolgen und Gelegenheit zum Einkauf sonstiger Lebensmittel bieten. Diese Menagen stehen unter Aufsicht der Berginspektionen; ihre Zahl beträgt 8.

Die Versuche, die Schlafhausinsassen zur Einnahme gemeinsamer Mahlzeiten, insbesondere zur Bildung von Speisegenossenschaften unter eigener Verwaltung zu veranlassen, sind leider fast überall fehlgeschlagen. Nur bei einer einzigen abseits von Ortschaften gelegenen Grube (Von der Heydt) besteht eine solche Speisegenossenschaft, zu der sämtliche Schlafhauseinlieger sowie die jugendlichen Arbeiter des Werkes gehören. Hier nehmen die Arbeiter ihre Mahlzeiten, welche mittags bei einem Preise von 30 Pf. (für jugendliche Arbeiter 20 Pf.) der Regel nach aus Suppe, Fleisch und Gemüse bestehen, in einem besonderen großen Eßsaal ein. Die von der Werksverwaltung mit allem Nötigen ausgestattete Küche steht unter Leitung einer besonderen Köchin und liefert auch morgens und nachmittags den Kaffee. Auf Wunsch wird auch aus den vorhandenen Resten vom Mittagessen zu mäßigem Preise warmes Abendessen verabfolgt. Im Jahre 1902/1903 wurden daselbst 49 394 Mittagessen und 1255 Abendessen, d. i. auf den Arbeitstag bezogen 165 Mittag- und 4 Abendessen verabfolgt. Der Verbrauch an Fleisch und Wurstwaren stellte sich auf 5831 kg, an Kartoffeln auf 40 150 kg, an Hülsenfrüchten und Gemüsen auf 9853 kg und an Brot auf 7013 Stück.

Da die Speisegenossenschaft natürlich Vermögen nicht ansammeln soll, so werden etwaige Überschüsse den Mitgliedern in der Weise wieder zugeführt, daß die letzteren zeitweilig unentgeltlich beköstigt werden.

4. Sparwesen.

Die auf den königlichen Gruben des Saarreviers getroffenen Spareinrichtungen beabsichtigen, den Sparsinn unter der Belegschaft nach Möglichkeit zu fördern. Zu diesem Zwecke können sich die Bergleute nach Anmeldung bei ihrer Grubenverwaltung Lohnabzüge zur Abführung an die öffentlichen Sparkassen machen lassen. Die Abführung besorgt alsdann die Grubenkasse. Über die Ersparnisse kann der Sparende jedoch jederzeit frei verfügen.

Zur Beschaffung von Kredit für die Bergleute besteht eine weitere Verbindung zwischen der Bergverwaltung und den öffentlichen Sparkassen, wonach letztere den Bergleuten bei Stellung genügender Sicherheit kleinere Geldbeträge leihen, falls sich die Bergleute zur Rückzahlung im Wege regelmäßiger Lohnabzüge verpflichten. Die zu stellende Sicherheit sowie die Höhe des Zinsfußes richtet sich nach den Statuten der Sparkasse; als Sicherheit genügt meistens schon die Bestellung zweier Bürgen. Der Zinsfuß geht über den ortsüblichen keinesfalls hinaus.

Selbstverständlich sind diese Lohnabzüge rein freiwillige und unterbleiben auf Antrag in Krankheitsfällen und dergleichen. Ehe die Werksverwaltungen die Genehmigung zu derartigen Lohnabzügen erteilen, wird sorgfältig geprüft, ob die Kreditnahme die Leistungsfähigkeit des betreffenden Bergmanns nicht übersteigt. Stehen Bedenken nicht entgegen, so wird dem Bergmann eine Bescheinigung durch die Grubenverwaltung ausgestellt, welche ihm die Gewährung eines Darlehens durch eine öffentliche Sparkasse sichert.

Vermittelst dieser Art der Kreditnahme wird vielen Bergleuten der Bau eines eigenen Hauses, das Festhalten eines solchen bei Erbteilungen oder der Ankauf von landwirtschaftlichen Grundstücken ermöglicht, auch in einzelnen Fällen der Niedergang einer Bergmannsfamilie infolge unverschuldeter Not verhindert.

In gleicher Weise wird seitens der Bergverwaltung das Kreditgeben der Knappschaftskasse unterstützt, welche kleine Summen an Bergleute zu 4 v. H. und gegen Sicherstellung als 1. Hypothek ausleiht. Die Zahl der von dem Saarbrücker Knappschaftsverein ausgeliehenen Darlehen betrug im Jahre 1902 1240 in Höhe von 1 451 788,23 M.

In den letzten 5 Jahren betrugen die durch Vermittlung der Grubenbetriebskassen eingezahlten Spareinlagen

im Jahre 1898 = 582 458 M.
„ „ 1899 = 502 739 „
„ „ 1900 = 534 969 „
„ „ 1901 = 582 301 „
„ „ 1902 = 645 637 „.

Sie verteilen sich, wie aus Tabelle 11 für das Jahr 1902 hervorgeht, auf 5 Kreissparkassen, 9 Spar- und Darlehnskassen, 3 Bezirkssparkassen und je einen Kredit- bezw. Vorschußverein.

Von Berg-inspek-tion	Es wur								
	an Kreissparkasse					an Spar- und Dar-			
	St. Wendel M.	Saar-brücken M.	Ott-weiler M.	Saar-louis M.	Mer-zig M.	Malstatt-Burbach M.	Alten-kessel M.	Gers-weiler M.	Völk-lingen M.
I. Kronprinz .	—	—	—	32 861	—	—	—	—	1 515
II. Gerhard . .	—	950	—	7 295	—	—	13 998	23 680	119 096
III. V. d. Heydt .	—	3 425	—	1 015	135	410	—	832	65 520
IV. Dudweiler .	180	4 892	940	315	—	—	—	45	—
V. Sulzbach . .	60	1 004	552	—	—	—	—	—	—
VI. Reden . . .	—	—	44 854	—	—	—	—	—	—
VII. Heinitz . .	545	—	78 983	—	—	—	—	—	—
VIII. König . . .	2 062	—	76 211	—	—	—	—	—	—
IX. Friedrichsthal	—	11 524	15 017	240	—	—	—	—	—
X. Göttelborn .	—	1 615	31 054	320	—	—	—	335	444
XI. Camphausen	150	5 478	4 680	60	—	—	—	1 885	—
Summe . .	2 997	28 888	252 291	42 106	135	410	13 998	26 777	186 575

5. Bergmannskohlen.

Auf den Gruben des Saarbezirks bestand von jeher die Einrichtung, daß jeder verheiratete Bergmann 1 Fuder, jeder unverheiratete $^1/_2$ Fuder Kohlen unentgeltlich gegen die Verpflichtung erhielt, diese Kohlen ohne Bezahlung zu gewinnen und zutage zu fördern. Aus dieser seit Ausgang des 18. Jahrhunderts geübten Berechtigung entwickelte sich die Lieferung der sogenannten Deputatkohlen der Bergleute. Seit dem 1. Januar 1858 wurden den Bergleuten die Kohlen gegen Erlegung der durchschnittlichen Gewinnungs- und Förderkosten geliefert, und zwar seit 1874 den verheirateten ständigen Knappschaftsmitgliedern jährlich 50 Zentner, den unverheirateten 25 Zentner.

Seit Wegfall der Unterscheidung von „ständigen und unständigen" Knappschaftsmitgliedern mit dem 1. Januar 1891 werden sämtlichen aktiven Knappschaftsmitgliedern mit einer dreijährigen Dienstzeit jährlich 2,500 t Kohlen dem Verheirateten und 1,250 t dem Unverheirateten verabfolgt zu einem jedesmal für einen längeren Zeitraum festgesetzten und den Gewinnungs- und Förderkosten entsprechenden Preise, der seit Jahren 3 Mark für die Tonne beträgt. Im Jahre 1902 wurden an die Bergleute 72 525 t Deputatkohlen mit einem Gesamtwerte von 867 858 M. abgegeben.

Tabelle 11.

den 1902 eingezahlt										
lehnskasse			Köllerthaler Spar- und Darlehnskasse		Kreditverein	Bezirkssparkasse			Vorschußverein	Gesamtsumme
Püttlingen	Heusweiler	Hermeskeil	Guichenbach	Kölln	Warndt-Ludweiler	Homburg	Bliestkastel	Lautzkirchen	St. Ingbert	
M.	M.	M.	M.	M.	M.	M.	M.	M.	M.	M.
—	—	—	—	—	220	—	—	—	—	34 596
18 283	821	—	—	1 726	2 987	—	—	—	—	188 836
775	634	—	8 652	8 470	—	—	—	—	—	89 868
—	120	230	—	—	—	—	—	—	—	6 722
—	—	—	—	—	—	—	—	—	—	1 616
—	—	—	—	—	—	—	—	—	—	44 854
—	—	—	—	—	—	13 880	490	240	220	94 358
—	—	—	—	—	—	30 682	—	—	—	108 955
—	—	—	—	—	—	—	—	—	—	26 781
—	2 095	—	—	—	—	—	—	—	—	35 863
—	935	—	—	—	—	—	—	—	—	13 188
19 058	4 605	230	8 652	10 196	3 207	44 562	490	240	220	645 637

6. Bergfeste und Bergmusik.

Nicht unerwähnt soll an dieser Stelle eine alte Einrichtung bleiben, die noch heute besteht und zu den Eigentümlichkeiten der staatlichen Gruben des Saarbrücker Bergbaubezirkes gehört. Es sind dies die Bergfeste, deren Anfänge sich bis auf die Zeit, zu welcher zuerst ein regelrechter Steinkohlenbergbau betrieben wurde, d. i. bis zum Beginn des vorigen Jahrhunderts, verfolgen lassen. Der Abhaltung des Festes lag und liegt noch heute seitens der Bergverwaltung die Absicht zugrunde, den Bergleuten in Anbetracht ihres gefährlichen Berufes eine gewisse Anerkennung auszusprechen und zugleich das Gefühl ihrer Zusammengehörigkeit zu stärken.

Die Bergfeste verliefen schon früher in der Weise, daß sich die Bergleute — und zwar ursprünglich nur die ständigen Knappschaftsmitglieder und Berginvaliden — an einem vorher bestimmten Sonntag vormittags zum Gottesdienst versammelten und nach demselben unter Vorantritt der Bergmusik auf den hierfür bestimmten Bergfestplatz zogen. Hier fand ein gemeinsames Mittagsmahl statt, zu dem Bier und eine Flasche Wein geliefert wurden. Die Mahlzeit war meist so reich bemessen, daß die Frauen und Kinder der Verheirateten sowie die unständigen Kameraden, die sich nach Beendigung des Essens einzufinden pflegten, teilnehmen konnten. An die Mahlzeiten schlossen sich allerlei Belustigungen an, die bis zum Einbruch der Dunkelheit dauerten.

Da die für die Bergfeste jährlich unter der Bezeichnung „zu einer Ergötzlichkeit der Saarbrücker Steinkohlengruben-Knappschaft" ausgeworfenen Fonds infolge der verhältnismäßig stärkeren Zunahme der Belegschaft nicht immer ausreichten und nach einem Erlaß des Handelsministers vom 16. März 1865 sämtliche Bergleute, auch die unständigen Mitglieder der Knappschaft, bei den Bergfesten bedacht werden sollten, so wurde der ursprünglich für den Kopf der Belegschaft festgesetzte Satz von 12,5 Silbergroschen auf 25 Silbergroschen und später auf 1 Taler erhöht. Hierbei war die Erwägung maßgebend, daß die Bergfeste hauptsächlich auf den Geist der Festversammlung erzieherisch einwirken und zur Unterhaltung und Belustigung der Knappen beitragen sollten, wozu die bisher bereit gestellten Mittel nicht ausreichten. Aus denselben Erwägungen heraus begann man im Anfang der 90er Jahre die Bergfeste nur jedes zweite Jahr zu feiern. Auf diese Weise wurde es, bei einem Satz von 6 Mark auf den Kopf der Belegschaft, möglich gemacht, genügend Mittel bereit zu stellen, daß sämtliche Mannschaften nebst ihren Angehörigen nicht nur reichlich bewirtet, sondern daß auch bei dieser Gelegenheit an alte verdiente Bergleute Geschenke, Uhren und dergl. verteilt, Kinderspielplätze hergerichtet, Preise ausgesetzt, sowie die sonstigen mit den Bergfesten unmittelbar zusammenhängenden Ausgaben, z. B. für den Bau von Vergnügungshallen, zur Anschaffung von Instrumenten, Noten und Uniformen für die Musiker, bestritten werden konnten.

Die jetzt alle zwei Jahre stattfindenden Bergfeste verlaufen im übrigen in der althergebrachten Weise, nur muß mit den umfangreichen Vorarbeiten in Anbetracht der großen Teilnehmerzahl sehr früh begonnen werden. Das gemeinsame Mittagsmahl, an dem auch die Familienangehörigen teilzunehmen pflegen, ist reichlich bemessen und besteht meist aus Reissuppe, Rindfleisch, Brot und Schinken, wozu noch Bier, Selterwasser und Zigarren gereicht werden. Nach dem Essen finden Belustigungen aller Art, Turnen, Wettsingen, Spiele, Konzertvorträge und Tanz bis zum Abend statt, an welchen sich namentlich die Jugend beteiligt.

Bei dem am 13. Juli 1902 abgehaltenen Bergfeste betrug die Zahl der Festteilnehmer über 150 000 und die „zur Ergötzlichkeit der Knappschaft" für die Jahre 1901/02 ausgeworfene Summe 257 637 M. Aus Tabelle 12 sind die übrigen seit dem Jahre 1895 zu demselben Zweck gemachten Ausgaben ersichtlich.

Ähnliche Zwecke wie die Bergfeste auf den staatlichen Gruben verfolgen die Bergmusikkorps, die auf eine wohl ebensolange Vergangenheit wie die Knappschaftsfeste zurückblicken können. Ursprünglich knappschaftlichen

Tabelle 12.

Nr.	Berginspektion	1895 M.	1896 M.	1897—1898 M.	1899—1900 M.	1901—1902 M.
1	Kronprinz	6 518	12 801	11 912	15 250	16 922
2	Gerhard	11 394	21 139	23 779	26 366	28 237
3	Von der Heydt	8 393	14 912	15 304	15 627	15 155
4	Dudweiler	9 153	18 756	21 041	21 722	23 125
5	Sulzbach	11 054	17 389	19 456	22 666	25 650
6	Reden	8 541	20 338	21 310	24 752	25 238
7	Heinitz	14 909	30 340	33 291	31 547	32 700
8	König	10 746	22 361	24 880	26 961	27 357
9	Friedrichsthal	8 515	22 247	27 771	28 784	32 021
10	Göttelborn	2 879	6 499	9 031	9 691	9 875
11	Camphausen	8 176	16 344	17 299	18 880	19 268
12	Bergfaktorei	42	86	90	138	143
13	Hafenamt	27	79	84	126	886
	Summe	100 347	203 191	225 178	243 172	257 637

Ursprungs unterstehen jetzt die Bergmusikkorps der Aufsicht der Berginspektionen und werden von diesen auch hauptsächlich unterhalten.

Die Mitwirkung der Bergmusik erfolgt bei allen Gelegenheiten fröhlicher Art wie Bergfesten, Konzerten u. a., sodann aber bei den Beerdigungen der Bergleute, die nach wie vor unter Begleitung eines Bergmusikkorps zu Grabe getragen werden.

Zur Bestreitung der Kosten der Bergmusikkorps, namentlich als Entschädigung für deren Beteiligung bei den Beerdigungen der Knappschaftsmitglieder, leistet der Saarbrücker Knappschaftsverein einen nicht unerheblichen Zuschuß.

7. Bibliotheken, Lesezimmer, Bergmannsfreund.

Die auf zehn Berginspektionen des Saarbezirks errichteten Bibliotheken sollen den Bergleuten anregenden und gediegenen Lesestoff darbieten. Sie stehen unter der Verwaltung eines Werksbeamten und sind gewöhnlich so eingerichtet, daß ein Teil der Bücher und Zeitschriften in den Lesezimmern der Schlafhäuser aufliegt, während ein anderer Teil an die Leser in bestimmten Zeitabschnitten verausgabt wird. Zur bequemeren Zugänglichkeit der Bibliotheken sind häufig mehrere Ausgabestellen vorhanden. Diese Einrichtung ist z. B. auf Zeche Von der Heydt getroffen worden, wo ein Teil der Bibliothek am Sitze der Berginspektion, ein anderer Teil bei den sechs im Inspektionsgebiet belegenen Werksschulen untergebracht ist.

Außerdem wird seit mehr als 30 Jahren unter der verantwortlichen Schriftleitung eines Beamten der Königlichen Bergwerksdirektion Saarbrücken und mit Unterstützung der staatlichen Bergverwaltung eine zur Unterhaltung und Belehrung der Bergleute gegründete Zeitung, genannt der „Bergmannsfreund", herausgegeben. Sie erscheint dreimal wöchentlich und bringt neben den wichtigsten Ereignissen des öffentlichen Lebens lokale und bergmännische Mitteilungen aus dem Saarbrücker Bezirk sowie gemeinfaßliche Abhandlungen aus dem Gebiete des Bergbaues und der Technik. Ohne bestimmt ausgesprochene politische Richtung ist sie im nationalen Sinne gehalten und bestrebt, unter den bergmännischen Lesern die Liebe zu König und Vaterland zu pflegen und den kameradschaftlichen Sinn wachzuhalten.

Die Auflage des Bergmannsfreundes betrug Ende 1902 16400 Abzüge.

Anlage 1.

Reglement

für die Bergleute im Königlich Preußischen Bergamtsbezirk Saarbrücken.

Da die Ordnung erfordert, daß jeder Bergmann wisse, welche Pflichten er als solcher zu erfüllen habe, so wird der Knappschaft folgendes Reglement erteilt:

§ 1.

Ein jeder Bergmann muß, wenn er als Mitglied der Knappschaft angesehen werden soll, den Eid der Treue und des Gehorsams leisten, und sich in die Knappschaftsrolle einschreiben lassen.

§ 2.

Der Bergmann muß insbesondere seinem Landesherrn, den oberen Bergbehörden und Revierbeamten, sowie den ihm unmittelbar vorgesetzten Grubenbeamten treu, gehorsam und folgsam sein, sich durch ein gutes Betragen Zutrauen zu erwerben suchen, in seinem Leben und Wandel, Sittlichkeit, Ordnung und Rechtschaffenheit beweisen, Zank und Streit und das schädliche Laster der Trunkenheit fliehen und meiden.

§ 3.

Als Bergmann muß er sich nach dem Gutbefinden und der Anordnung des Bergamts, und der Revierbeamten zur Arbeit an- und ablegen, auch von einer zur anderen Grube verlegen lassen.

§ 4.

Will er die Bergarbeit verlassen, oder aus einem Revier in das andere ziehen, so muß er die Arbeit 14 Tage vorher aufkündigen, sich jedoch so einrichten, daß er womöglichst erst mit dem Monatsschluß abkehre.

Hat er hingegen ein Hauptgedinge übernommen, so muß er dies vorher ganz erfüllen; doch kann er auch inzwischen nach dem Gutbefinden des Bergamtes abgelegt werden. In jedem Falle, er mag angelegt, abgelegt oder verlegt werden, oder abkehren, muß er sich mit einem Anlege- oder Abkehrschein versehen lassen.

§ 5.

An jedem Arbeitstage muß er sich auf dem Werke, wo er angelegt ist, zur bestimmten Zeit einfinden und in der Frühschicht das Morgengebet mit halten. Er darf daher nicht feiern, oder andere, als Bergarbeit treiben, es sei denn, daß er durch Krankheit, Wettermangel oder andere, von ihm abhängige Ursachen daran verhindert werde, sonst zahlt er das § 16 erwähnte Feierschichtengeld von 4 Pfennig pro Schicht.

§ 6.

Will er verreisen, oder ist er gezwungen, einen oder mehrere Tage abwesend zu sein, so muß er solches jedesmal vorher dem Steiger anzeigen, und durch diesen die Erlaubnis des Geschworenen dazu nachsuchen.

§ 7.

Die von 4 Uhr des Morgens bis 4 Uhr des Nachmittags dermalen für den Förderer, und von 4 Uhr des Morgens bis 12 Uhr des Mittags für den Hauer bestimmte Schichtzeit, muß er gehörig aushalten, die Arbeit selbst nach Anweisung seines Vorgesetzten treu und fleißig verrichten, und sich dadurch ein zureichendes Auskommen zu verdienen suchen; außerdem aber die ihm etwa anzuweisenden Nebenschichten oder außerordentlichen Arbeiten, unweigerlich vollziehen. Ist er angewiesen, 6- (oder 8-) stündige Arbeit zu verrichten, so gilt dasselbe und darf er in diesem Falle keine Ruhestunde machen.

§ 8.

Ist er als Hauer angelegt, so muß er sich die Gewinnung der Stückkohlen vorzüglich angelegen sein lassen; daher die Schräme so tief und so wenig hoch als möglich machen, auch die gewonnenen Kohlen bestmöglichst von Schiefer und Bergen ablösen und nach geendigter Schicht nicht eher ausfahren, als bis das Ort gehörig verbaut ist.

§ 9.

Bei der Kohlengewinnung muß er die ihm anzuweisende Höhe der Abbaustrecken und Pfeiler genau beobachten; auch soll er keine Bergvesten schwächen und verletzen, kein Holz unnützerweise anbringen, in Späne hauen, oder sonst veruntreuen; die Abbaustrecke (Schemel) und Arbeiten unentgeltlich im besten Stande reinlich erhalten.

§ 10.

Als Schlepper muß er die Kohlen in Haufen von bestimmter Größe ordnungsmäßig aufsetzen und für die Erhaltung der Stückkohlen möglichst Sorge tragen. Die unvermeidlich verfallenden Grieskohlen müssen mit zutage gefördert und dürfen nicht in der Grube verstürzt werden.

§ 11.

Die Zimmerung der Grubengebäude muß vorsichtig, tüchtig und dauerhaft geschehen, und es darf solche ohne Vorwissen des Revierbeamten und Steigers nicht weggerissen werden.

§ 12.

Die Stollen, Querschläge und Grundstrecken muß der Bergmann, wenn er dazu angelegt wird, in der angewiesenen Höhe, Weite und Stunde, söhlich und bei offener Wasserseige forttreiben, auch sich zu allen sonstigen bergmännischen Arbeiten, als Stollensäubern, Vorrichtungen von Künsten usw. unweigerlich gebrauchen lassen.

§ 13.

Mit dem Lohn, welches ihm für seine Arbeit zugelegt wird, muß er sich begnügen, weder Geschenke noch Trinkgelder annehmen, sich aller betrüglicher Handlungen, Unterschleife und Mißbräuche enthalten, und diejenigen, welche ihm von anderen bekannt werden, sogleich dem Steiger und Revierbeamten anzeigen.

§ 14.

Wenn künftig Knappschaftsversammlungen oder bergmännische Aufzüge gehalten werden sollten, so muß er sich nach erhaltener Aufforderung jedesmal dazu einfinden, und bei diesen und anderen feierlichen Veranlassungen an Sonn- und Festtagen in der bergmännischen Uniform erscheinen.

§ 15.

Wenn einer von seinen Kameraden verunglückt, so ist es seine Pflicht, alles Mögliche zur Rettung desselben anzuwenden, und falls der Steiger nicht gleich auf dem Werke ist, selbst dafür zu sorgen, daß sogleich der Knappschafts-Chirurgus, der Knappschaftsälteste und Geschworene herbei geholt werden, inzwischen aber, und bis dahin, wo diese hinzu gekommen sein werden, müssen alle zur Rettung des Verunglückten dienende Mittel mit Vorsicht und Behutsamkeit versucht werden.

§ 16.

Zur Knappschaftskasse muß ein Bergmann folgendes entrichten:

1. vom Taler Förderungslohn 9 Pfennig,
2. vom Taler Geding- und Schichtlohn 9 Pfennig,

3 an Freischichtengeld pro Quartal den Ertrag zweier zwölfstündigen Schichten, von dem Förderer und zweier achtstündigen Schichten, von dem Hauer,

4. für einen Trauschein 1 Reichstaler, wenn er als Hauer, und 16 Groschen, wenn er als Schlepper angelegt ist,

5. für einen Pflichtschein nach dem Einschreiben, Anfahr- oder Abkehrschein 8 Groschen,

6. zahlen die neu anzunehmenden Bergleute zur Knappschaftskasse das Verdienst einer halben Woche, und diejenigen, welche in ein höheres Lohn rücken, den Lohnzusatz von einem Monat,

7. diejenigen Bergleute, welche ohne Urlaub aus der Arbeit bleiben, zahlen pro Schicht 4 Pfennige Feierschichtengeld, als Ersatz für nicht entrichtete Büchsen- und Freischichtengelder.

§ 17.

Wenn er diesen und den übrigen Verpflichtungen nachkommt, so hat er auf folgende Wohltaten Anspruch:

1. auf Gnadenlohn für sich, wenn er Invalide wird, und für seine Witwe, wenn er stirbt,
2. auf Krankenlohn,
3. auf freie Kur und Medizin, wenn er beschädigt oder krank wird und er sich die Krankheit nicht durch Schlägerei oder liederliche Lebensart selbst zugezogen hat,
4. auf Unterstützung für seine Kinder, wenn er Invalide wird oder stirbt,
5. auf Beihilfe zu den Begräbniskosten,
6. auf freien Schulunterricht für seine Kinder.

§ 18.

Derjenige, welcher seinen Verpflichtungen und Obliegenheiten nicht nachkommt, oder ihnen gar vorsetzlich zuwiderhandelt, ist nicht allein zum Ersatz des etwa verursachten Schadens verbunden, sondern er hat auch nach Befinden der Umstände und nach der Beschaffenheit seines Vergehens, Schichtlohnstrafen, höhere Geld- oder sonstige durch die Gesetze verordnete Strafen, auch die Löschung in der Knappschaftsrolle, und mit dieser den Verlust aller den Bergleuten verliehenen Wohltaten zu gewärtigen.

§ 19.

Damit nun die Bergleute ihre Pflichten kennen, und bei etwaiger Verletzung derselben sich nicht mit Unwissenheiten entschuldigen mögen, so soll einem jeden derselben ein Exemplar gegenwärtigen Reglements zur Darnachachtung zugestellt werden.

Saarbrücken, den 1. Dezember 1819.

Königl. Preußisches Bergamt.

Sello. Böcking. Schmidt. De Berghes.

Gesehen und Genehmigt.

Bonn, den 17. Dezember 1819.

Königlich Preußisches Rheinisches Oberbergamt.

Graf von Beust. Becher. Koch. Heusler.

Anlage 2.

Protokoll
wegen Übernahme mehrerer Hauptgedinge von Abbauarbeiten der Königlichen Steinkohlenzeche.

Durch den am Ende unterschriebenen Königlichen . . . . wurden laut mündlicher Übereinkunft nachstehend aufgeführten Abbauarbeiten auf den verschiedenen Flözen auf . . . Monate und zwar für die Monate . . . . unter folgenden Bedingungen ins Hauptgedinge gegeben.

1. sind die Abbaustrecken in der angegebenen Richtung, mit der vorgeschriebenen Breite und Zimmerung in der Förderstrecke, so wie am Wetterzuge aufzufahren. Pfeiler sind in ihrer ganzen Stärke abzubauen und müssen, wenn es die Umstände erlauben, stets am alten Baue vorgestellt werden, damit keine Kohlen verloren gehen. Hauer, welche hierin Fehler begehen, haben in der Strafordnung festgesetzte Strafe zu gewärtigen;
2. sind die Gedingeübernehmer verpflichtet, die Zimmerung an dem Wetterzuge und die der Förderstrecke, so wie das Wagengestänge in ihrer Förderstrecke stets in einem guten Stande zu erhalten;
3. haben die Gedingeübernehmer für einen in ihrer Förderstrecke, oder in ihrer Arbeit entstandenen Bruch, falls es durch Nachlässigkeit oder Saumseligkeit der Hauer, und nicht durch einen Hauptdruck geschieht, auf Vergütung keinen Anspruch zu machen; ebenso nicht für versteinertes, für verdrücktes und taubes Kohl, so wie für alle sonstigen außergewöhnlichen unvorhergesehenen Vorfälle. Auch haben die Kameradschaften das Wagengestänge, welches beim Pfeilerabbau gewonnen wird, unentgeltlich aufzureißen und dasselbe in die Hauptförderstrecke zu bringen;
4. steht den Hauern, welche ein Hauptgedinge übernehmen, das Recht zu, sich ihre Kameraden bis auf einen, entweder ein alter Bergmann, oder ein anfangender Lehrhauer, der ihnen von den Beamten zugeteilt wird, wählen zu dürfen. Die Kameradschaften müssen stets mit den nötigen Schleppern versorgt sein, diese dürfen aber von ersteren nicht ausgewählt werden;
5. die Grubenkasse steht indes nur mit dem Unternehmer des Hauptgedinges in einem Vertragsverhältnis und wird nur mit ihm abrechnen und ihm das Guthaben an den festgesetzten Lohntagen auszahlen. Der Unternehmer des Hauptgedinges ist hingegen verpflichtet, seine Kameraden nach den bestehenden Vorschriften richtig auszulohnen;
6. müssen unständige Bergleute, welche ein Hauptgedinge übernehmen, während der Dauer des Hauptgedinges abgelegt werden, so trifft es auch die, welche im Hauptgedinge liegen; ebenso müssen Lehrhauer sich gefallen lassen, wieder als Schlepper einzutreten, wenn ihre Altersklasse schleppt; und Hauer, welche als Ladeknechte vereidet sind, daß sie, wenn die Reihe sie trifft, zum Laden herangezogen werden. Den im Hauptgedinge verbleibenden steht sodann wieder das Recht zu, sich andere Kameraden zu wählen;
7. verlangen es die Betriebsverhältnisse, daß Abbauarbeiten mit 6, ja Hauptstreckenpfeiler sogar mit 8 bis 10 Mann belegt werden müssen, so müssen sich die Gedingeübernehmer, ohne ein höheres Gedinge beanspruchen zu können, gefallen lassen; auch daß Pfeiler, welche gegen andere im Abbau zu weit vorgerückt sind, je nachdem es nötig ist, entweder verschwächt, oder ganz eingestellt werden können;

8. ohne höhere Genehmigung ist es keiner Kameradschaft gestattet, Nebenschichten zu verfahren;
9. Streitigkeiten, welche zwischen den Beamten und Gedingeübernehmern entstehen sollten, entscheidet das Königliche Bergamt in letzter Instanz, und muß der Kläger auf jede andere richterliche Klage Verzicht leisten;
10. die Genehmigung der Gedinge von seiten des Königl. Bergamts bleibt vorbehalten. (Unter diesen Bedingungen wurden folgende Kohlengewinnungsarbeiten ins Hauptgedinge gegeben, nämlich:)

Anlage 3.

Protokoll

betreffend die Übernahme von Hauptgedingen bei Aus- und Vorrichtungsarbeiten im Wege der öffentlichen Versteigerung.

Durch den unterzeichneten Königlichen . . . . war auf heute Termin anberaumt, um im Wege der öffentlichen Versteigerung die später genannten Aus- und Vorrichtungsarbeiten in Hauptgedinge zu vergeben. Der Belegschaft war dies durch Anschlag und mündliche Bekanntmachung zur Kenntnis gebracht, und hatten sich infolge hiervon Unternehmungslustige in ausreichender Anzahl auch eingefunden. Den Anwesenden wurden zunächst die nachstehenden, der Übernahme eines Hauptgedinges zum Grunde liegenden Bedingungen laut und deutlich vorgelesen.

1. Müssen die Querschläge, Grundstrecken, Diagonalen, Teilungsstrecken, einfallende Förderstrecken usw. mit der vorgeschriebenen Höhe und Weite in der angegebenen Richtung mit der vorschriftsmäßigen Wasserrösche und der nötigen Zimmerung getrieben werden. Hauer, welche hiergegen Fehler begehen, welche bei gehöriger Aufmerksamkeit zu vermeiden waren, müssen den der Grube zugefügten Schaden entweder durch eigene Arbeit oder Geld ersetzen. Das Holz, welches durch das Verhauen der Örter erforderlich wird, müssen die Gedingenehmer mit 5 Sgr. pro Kubikfuß der Grube vergüten. Außerdem wird gegen die Kameradschaft, welche sich eine Nachlässigkeit vorstehender Art zu schulden kommen läßt, nach der Bestimmung der Strafordnung vom 5. Februar 1842 zur Strafe gezogen;
2. Häuer, welche ein Hauptgedinge übernehmen, haben das Recht, sich ihre Kameradschaft bis auf einen Mann, welcher vom Revierbeamten zugeteilt wird, selbst zu wählen. Die Schlepper dürfen dagegen nicht gewählt werden; jedoch ist es besondere Pflicht der Grubenbeamten, dafür zu sorgen, daß eine jede Kameradschaft die erforderliche Anzahl Schlepper zugeteilt erhält;
3. die Grubenkasse steht indes nur mit dem Unternehmer des Hauptgedinges in einem Vertragsverhältnis und wird nur mit ihm abrechnen und ihm das Guthaben an den festgesetzten Lohntagen auszahlen. Der Unternehmer des Hauptgedinges ist hingegen verpflichtet, seine Kameraden nach den vorstehenden Vorschriften richtig zu lohnen;
4. sollten während der Dauer eines Hauptgedinges unständige Bergleute abgelegt werden müssen, so trifft es auch diejenigen, welche Hauptgedinge übernommen haben; den im Hauptgedinge verbleibenden ständigen Bergleuten steht sodann das Recht zu, sich für die abkehrenden Leute andere Kameraden unter den ständigen Bergleuten zu wählen,

oder im Falle, daß über die Hälfte der Kameradschaft aus unständigen Arbeitern bestände, die abgelegt werden müßten, das Hauptgedinge ganz aufzugeben;

5. Häuer, welche ein Hauptgedinge übernehmen, aber auch zugleich als Ladeknecht vereidet sind, müssen sich gefallen lassen, wenn die Reihe sie trifft, beim Kohlenverladen beschäftigt zu werden. Die Lehrhauer, welche mit im Hauptgedinge liegen, müssen schleppen, wenn ihre Altersklasse bei Ablegung als Schlepper eintreten muß. Für die Ausscheidenden wählen die im Hauptgedinge verbleibenden Häuer sich andere Kameraden;
6. ohne besondere Erlaubnis der vorgesetzten Behörde darf keine Kameradschaft länger als achtstündige Schichten verfahren;
7. das Königliche Bergamt ist berechtigt, das Hauptgedinge aufzuheben, wenn während der Dauer desselben Betriebes Veränderungen vorkommen, welche die Einstellung der betreffenden Arbeit zu Folge haben. Ferner ist
8. das Hauptgedinge von selbst aufgehoben, wenn von Örtern im Flöze Störungen vorkommen sollten, welche das Flöz um die halbe Ortshöhe verwerfen;
9. für versteinertes, verdrücktes und taubes Kohl, sowie für Nachreißen des Hangenden oder Liegenden vom Flöz unter 20 Zoll, sowie für alle sonstigen außergewöhnlichen und unvorhergesehenen Vorfälle haben die Gedingeübernehmer auf besondere Vergütung keinen Anspruch. Muß aber das Liegende oder Hangende mehr als 20 Zoll nachgenommen werden, so soll zwar eine besondere Vergütung stattfinden, jedoch können gegen die Feststellung derselben durch die Behörde die Gedingenehmer keinerlei Einwendungen machen.

Anlage 4.

Strafreglement
für die Bergleute im Königlich Preußischen Bergamtsbezirk Saarbrücken.

Mit bezug auf das unter dem 17. Dezember 1819 genehmigte Reglement für die Bergleute des Saarbrücker Bergamtsbezirks setzt das unterzeichnete Königliche Bergamt für die in seinem Bezirk arbeitenden Bergleute, wenn sich dieselben pflichtwidrig benehmen sollten, (ohne jedoch dadurch, wie es sich von selbst versteht, in vorkommenden, dazu geeigneten Fällen die durch die Gesetze bestimmten Strafen auszuschließen,) folgende Ordnungsstrafen für nachbenannte Vergehen fest, welche, wenn sie in Geldabzügen bestehen, der Saarbrücker Knappschaftskasse zugute kommen sollen.

A. Strafen der Bergleute für Vergehen außer der Grube.

1. Derjenige Bergmann, welcher von seiner bestimmten Zeit anzufahren abweicht und zu spät bei dem Verlesen erscheint, zahlt das erste Mal für jede halbe Stunde Versäumnis eine Strafe von 6 Pfennig, das zweite Mal von 1 Gr. und das dritte Mal ein ganzes Schichtlohn. Letzteres hat derselbe auch zu entrichten, wenn er zu früh, oder ohne verlesen zu sein, anfährt.
2. Derjenige Bergmann, welcher, ohne sich beim Steiger melden zu lassen, eine oder mehrere ganze Schichten verfeiert, zahlt das erste Mal pro Schicht eine

Strafe von 2 Gr., das zweite Mal von 4 Gr. und das dritte Mal ein ganzes Schichtlohn.

3. Derjenige Bergmann, welcher ohne sich zu melden, oder melden zu lassen, in 8 Tagen oder darüber gar nicht auf der Grube erscheint, wird ganz abgelegt und nicht wieder in Arbeit genommen.
4. Derjenige Bergmann, welcher ohne Erlaubnis zu früh Schicht macht, zahlt für jede versäumte Stunde das erste Mal eine Strafe von 6 Pfennig, das zweite Mal von 1 Gr. und das dritte Mal ein ganzes Schichtlohn.
5. Derjenige Bergmann, welcher nach dem Verlesen nicht gleich nach seiner Arbeit fährt und nach Hause, oder ins Wirtshaus oder sonst wohin ohne Erlaubnis geht, zahlt das erste Mal eine Strafe von 2 Gr., das zweite Mal von 4 Gr. und das dritte Mal ein ganzes Schichtlohn.
6. Derjenige Bergmann, welcher betrunken auf der Grube erscheint, oder Branntwein mit dorthin bringt, wird das erste Mal dieselbe Schicht wieder nach Hause geschickt und wenn es ein Hauer ist, auf ein oder mehrere Monate zum Schleppen oder Haspelziehen angelegt, wenn es aber ein Förderer ist, auf zwei Tage zur Strafe feiern geschickt.

   Das zweite Mal zahlt derselbe zu obiger Strafe noch 12 Gr. und das dritte Mal wird derselbe auf drei Monate abgelegt.
7. Derjenige Bergmann, welcher sich scheinkrank macht und es ihm dabei bloß um das Krankengeld zu tun ist, wird ganz aus der Knappschaft ausgestoßen.
8. Derjenige Bergmann, welcher aufgefordert bei einem Aufzuge oder sonstigen bergmännischen Feierlichkeiten nicht erscheint, zahlt eine Strafe von 6 Gr.
9 Derjenige Schlepper, welcher sich auf den am Tage angelegten Schienenförderwegen auf den Kohlenwagen setzt, und so herunter fährt, zahlt im Betretungsfall das erste Mal eine Strafe von 3 Gr., das zweite Mal von 6 Gr. und das dritte Mal ein ganzes Schichtlohn.

B. Strafen der Bergleute für Vergehen in der Grube.

10. Derjenige Hauer, welcher seine Arbeit nicht nach Vorschrift mit Stempeln, Türstöcken und Querspreizen verbaut, zahlt das erste Mal eine Strafe von 8 Gr., das zweite Mal von 16 Gr. und das dritte Mal von 1 Rtaler.
11. Diejenige Kameradschaft, welche die ihr gegebene Arbeit nicht vorschriftsmäßig treibt und entweder in der Richtung, Weite, Höhe, Sohle, dem bestimmten Ansteigen, oder sonst Fehler begeht, die er durch Aufmerksamkeit hätte vermeiden können, zahlt das erste Mal pro Mann 1 Gr., das zweite Mal 2 Gr. und wird das dritte Mal vor andere Arbeit gelegt.
12. Diejenige Kameradschaft, welche ihre Kohlen unrein fördert, hat solche das erste Mal auf ihre Kosten wieder zu reinigen, das zweite Mal zahlt sie pro Mann eine Strafe von 2 Gr., das dritte Mal 4 Gr. und wird auf eine andere Grube verlegt.

    Doch ist hierbei zu untersuchen, in wieweit der Schlepper mit daran Schuld ist, wo alsdann schuldigenfalls die Strafe auf diesen letzteren fallen muß.
13. Derjenige Bergmann, welcher Holz, ohne Anweisung vom Steiger zu haben, von der Halde nimmt und in der Grube verbaut, ohne daß wegen dringender Gefahr diese voreilige Wegnahme nötig gewesen sein sollte, zahlt das erste Mal eine Strafe von 1 Gr., das zweite Mal von 2 Gr. und das dritte Mal von 3 Gr.
14. Derjenige, welcher betroffen wird, eine Gedingstufe zu seinem Vorteil verändert zu haben, wird ganz abgelegt und nicht wieder in Arbeit genommen.
15. Derjenige Schlepper, welcher zu seiner Erleichterung Berge in die Strecke versetzt hat, ohne dazu angewiesen zu sein, zahlt das erste Mal eine Strafe von 4 Gr. und das zweite Mal ein ganzes Schichtlohn.

16. Derjenige Bergmann, welcher in der Grube während der Schicht schlafend getroffen wird, zahlt das erste Mal eine Strafe von 2 Gr. und das zweite Mal 4 Gr.
17. Derjenige Bergmann, welcher auf Punkten, wo er nicht angewiesen ist, arbeitet, die Zimmerung wegreißt oder Kohlen raubt, bekommt das Geförderte nicht bezahlt und hat den der Grube zugefügten Schaden zu ersetzen; soll auch nach Befinden der Umstände ganz abgelegt werden.
18. Derjenige Bergmann, welcher in der Grube Tabak raucht, zahlt das erste Mal eine Strafe von 1 Gr., das zweite Mal von 2 Gr. und das dritte Mal ein ganzes Schichtlohn.
19. Derjenige Arbeiter, welcher die Grube auf eine unanständige Art verunreinigt, zahlt das erste Mal eine Strafe von 8 Gr., das zweite Mal von 16 Gr. und wird das dritte Mal auf 8 Tage abgelegt.

    Wenn der Täter nicht ausgemittelt werden kann, so hat die Kameradschaft, vor deren Arbeit es geschehen ist, eine Strafe von 1 Rtlr. zu zahlen und es muß entweder der entdeckte Täter oder diese Kameradschaft die Reinigung des Ortes vornehmen.

C. Strafen für anderweitige Vergehen.

20. Derjenige Bergmann, welcher sich gröblich gegen hohe und niedrige Beamte vergeht, wird das erste Mal auf eine entferntere Grube verlegt, im Wiederholungsfalle aber ganz abgelegt, welches letztere nach Umständen auch gleich schon beim ersten Male geschehen kann.
21. Derjenige Bergmann, welcher sich widerspenstig zeigt, die ihm vom Steiger angewiesene Arbeit zu verrichten, zahlt das erste Mal eine Strafe von 4 Gr., das zweite Mal von 8 Gr. und wird das dritte Mal auf 3 Monate abgelegt.

    Ist die Arbeit dringend und würden aus ihrer Versäumnis nachteilige Folgen entstehen, so werden vorgenannte Strafen verdoppelt.
22. Derjenige Bergmann, welcher Kohlen, Holz oder sonstige Materialien von der Grube entwendet, wird ganz abgelegt. Dasselbe geschieht auch mit demjenigen, welcher seinen Kameraden ihnen gehörige Gegenstände auf der Grube entwendet.
23. Derjenige Schlepper, welcher einer Kameradschaft wissentlich Kohlen zuführt. die ihr nicht gehören, wird abgelegt.
24. Derjenige Schlepper, welcher überwiesen wird, Fördergefäße mutwilligerweise ruiniert zu haben, muß den Schaden ersetzen und zahlt das erste Mal eine Strafe von 2 Gr. und das zweite Mal von 4 Gr.
25. Derjenige Bergmann, welcher unerlaubter Art von den Kohlenkäufern oder Fremden Trinkgelder nimmt, wird ganz abgelegt.
26. Ebenso werden auch diejenigen, welche auf der Halde oder in der Grube Schlägereien anfangen, ganz abgelegt.

Vorstehendes Strafreglement soll auf allen Gruben verteilt und daselbst von den Steigern aufbewahrt werden und einem jeden Bergmann daselbst ungehindert Einsicht in dasselbe freistehen.

Saarbrücken, den 20. März 1820.

Königlich Preußisches Bergamt.

Tabelle A.

Jahr	Förderung	Zahl der Arbeiter*)	Darunter Hauer und Schlepper: Mann	Darunter Hauer und Schlepper: %	Auf den Kopf der eigentlichen Grubenarbeiter (Ziffer 4): verfahrene Schichten im Jahr	Jahresarbeitsverd., einschl. der Gefälle und bei unterirdischen Arbeitern einschl. 10 Pf. für Öl in der Schicht: M.	Pf.	Schichtverdienst: M.	Pf.	Jahresleistung	Jahresleistung auf den Kopf der Gesamtbelegschaft *)
1	2	3	4	5	6	7		8		9	10
1816	100 319,700	917	.	.	.	.	.	.	.	.	109,400
1817	94 963,450	729	.	.	.	.	.	.	.	.	130,265
1818	120 300,850	833	.	.	.	.	.	.	.	.	144,419
1819	107 052,600	827	.	.	.	.	.	.	.	.	129,447
1820	101 337,450	847	.	.	.	.	.	1	19	.	119,643
1821	114 655,000	1003	.	.	.	.	.	0	98	.	114,312
1822	103 640,400	875	.	.	.	.	.	0	98	.	118,446
1823	94 607,450	777	.	.	.	.	.	1	03	.	121,760
1824	126 869,550	928	804	86,64	259,2	263	98	1	02	157,798	136,713
1825	142 904,300	1038	951	91,62	253,9	266	01	1	05	150,267	137,673
1826	137 211,600	1010	972	96,24	244,6	244	96	1	00	141,164	135,853
1827	166 995,100	1177	1077	91,50	253,4	256	76	1	01	155,799	141,882
1828	180 575,550	1190	1102	92,61	269,2	282	33	1	05	163,862	151,744
1829	179 531,250	1165	1046	89,79	274,3	288	06	1	05	171,636	154,104
1830	199 962,400	1245	1088	87,39	284,7	301	99	1	06	183,789	160,612
1831	174 433,050	1181	1044	88,40	277,9	299	81	1	08	167,081	147,699
1832	157 297,850	1060	926	87,36	277,5	294	07	1	06	169,868	148,394
1833	187 853,450	1272	1083	85,14	272,8	299	95	1	10	173,457	147,684
1834	203 987,950	1354	1185	87,52	278,6	298	21	1	07	172,142	150,656
1835	207 260,100	1383	1163	84,09	275,1	293	13	1	07	178,212	149,863
1836	265 284,100	2058	1696	82,41	235,1	254	32	1	08	156,418	128,904
1837	323 293,700	2063	1714	83,08	279,8	306	61	1	10	188,619	156,710
1838	327 498,950	2137	1783	83,43	269,4	307	95	1	14	183,684	153,252
1839	397 264,250	2427	2020	83,23	269,9	317	51	1	18	196,665	163,685
1840	382 453,300	2489	2062	82,84	270,0	312	92	1	16	185,477	153,657
1841	442 037,700	2661	2203	82,79	276,0	328	34	1	19	200,653	166,117
1842	521 102,750	3151	2570	81,56	280,3	337	55	1	20	202,764	165,377
1843	423 141,650	2953	2354	79,72	280,2	336	77	1	20	179,754	143,292
1844	484 544,450	3152	2455	77,89	287,1	340	44	1	19	197,370	153,726
1845	528 051,400	3348	2625	78,41	290,9	352	70	1	21	201,162	157,721
1846	582 752,850	3988	3081	77,26	286,3	353	56	1	23	189,144	146,127
1847	576 512,350	3961	3038	76,70	285,8	369	52	1	29	189,767	145,547
1848	436 337,400	3375	2596	76,92	289,5	373	96	1	29	168,080	129,285
1849	496 716,800	3865	2968	76,79	283,0	372	45	1	32	167,357	128,517
1850	593 855,700	4580	3450	75,33	290,6	386	39	1	33	172,190	129,663
1851	679 267,850	5782	4402	76,13	271,6	364	61	1	34	154,309	117,480
1852	722 860,800	6186	4730	76,46	.	375	54	1	32	152,825	116,854
1853	938 202,350	7829	5890	75,23	.	367	01	1	29	159,287	119,837
1854	1 171 359,450	8663	6399	73,87	.	381	23	1	34	183,054	135,214
1855	1 484 182,700	10095	7716	76,43	.	446	67	1	57	192,351	147,022
1856	1 521 121,150	10890	8162	74,95	.	543	40	1	91	186,366	139,681
1857	1 729 422,800	10726	7956	74,17	.	677	11	2	38	217,373	161,237
1858	1 850 598,375	10879	7902	72,64	.	685	65	2	41	234,194	170,107
1859	1 674 411,525	10998	7892	71,76	.	634	44	2	23	212,166	152,247
1860	1 955 960,800	12159	8622	70,91	.	634	44	2	23	226,857	160,865
1861	2 090 743,700	12650	11198	88,52	271,0	587	59	2	17	186,707	165,276
1862	2 086 718,450	13228	11848	89,57	253,0	532	95	2	11	176,125	157,750

*) einschl. der Aufsichtsbeamten, der Pferdeknechte und der bei der Faktorei und am Hafenamt beschäftigten Arbeiter.

Tabelle B.

Jahr	Förderung	Zahl der Arbeiter*)	Darunter Hauer und Schlepper		Auf den Kopf der eigentlichen Grubenarbeiter (Ziffer 4)						Jahresleistung auf den Kopf der Gesamtbelegschaft*)
					verfahrene Schichten im Jahr	Jahresarbeitsverdienst (einschl. der Gefälle und bei unterirdischen Arbeitern einschl. 10 Pf. für Öl in der Schicht)		Schichtverdienst (einschl. der Gefälle und bei unterirdischen Arbeitern einschl. 10 Pf. für Öl in der Schicht)		Jahresleistung	
	t		Mann	%		M.	Pf.	M.	Pf.	t	t
1	2	3	4	5	6	7		8		9	10
1862	2 086 718,450	13 228	11 848	89,57	253,0	532	95	2	11	176,120	157,750
1863	2 197 114,500	13 295	11 834	89,01	252,4	538	01	2	13	185,661	165,259
1864	2 597 513,900	14 290	12 428	86,97	272,2	621	48	2	28	209,013	181,771
1865	2 872 999,000	15 967	13 882	86,94	270 9	645	42	2	38	206,959	179,934
1866	3 004 690,500	16 651	14 353	86,20	281,5	694	42	2	47	209,342	180,451
1867	3 171 125,350	19 089	16 740	87,69	276,5	691	49	2	51	189,434	166,123
1868	3 273 293,000	19 124	16 843	88,07	279,3	698	81	2	50	194,341	171,162
1869	3 444 894,500	18 800	15 929	84,73	281,7	729	04	2	59	216,266	183,239
1870	2 734 018,700	15 662	13 336	85,15	272,2	719	19	2	64	205,010	174,564
1871	3 203 968,750	17 079	14 826	86,81	275,5	780	57	2	83	216,105	187,597
1872	4 137 799,700	20 305	17 649	86,92	277,8	886	40	3	19	234,450	203,782
1873	4 268 619,500	21 403	18 571,5	86,77	272,6	952	61	3	50	229,848	199,440
1874	4 229 786,250	22 240	19 326,5	86,90	269,0	962	89	3	58	218,859	190,188
1875	4 481 838,600	22 901,5	19 841	86,64	266,3	883	87	3	32	225,888	195,701
1876	4 467 776,500	23 350,5	20 223	86,61	264,5	828	94	3	13	220,926	191,335
1877	4 395 232,000	22 830	19 758,5	86,55	261,3	794	17	3	04	222,448	192,520
1878	4 361 267,500	22 078,5	19 020	86,15	257,4	777	69	3	02	229,299	197,535
1879	4 474 960,500	21 463,5	18 434	85,89	261,2	780	15	2	99	242 756	208,492
1880	5 211 389,250	22 918	19 698,5	85,95	276,2	856	78	3	10	264,558	227,393
1881	5 119 468,250	23 282,5	19 999	85,90	269,4	840	95	3	12	255,986	219,885
1882	5 480 181,500	23 786	20 444,5	85,95	272,3	877	54	3	22	268,052	230,395
1883	5 892 821,500	25 100	21 548	85,85	274,9	907	71	3	30	273,474	234,774
1884	6 087 126,000	26 500	22 799	86,03	276,1	906	04	3	28	266,991	229,703
1885	6 049 030,750	26 435	22 724	85,96	271,4	878	02	3	24	266,196	228,827
1886	5 822 009,500	25 878	22 212	85,83	265,5	855	55	3	22	262,111	224,979
1887	5 973 068 350	25 379	21 715	85,56	265,5	866	28	3	26	275,064	235,355
1888	6 238 190,850	25 670	21 946	85,49	269,8	893	92	3	31	284,252	243,015

*) einschl. der Aufsichtsbeamten, der Pferdeknechte und der am Hafenamt beschäftigten Arbeiter.

Tabelle C.

Jahr	Förderung	Zahl der Arbeiter*)	Darunter Hauer und Schlepper		Auf den Kopf der eigentlichen Grubenarbeiter (Ziffer 4)						Jahresleistung auf den Kopf der Gesamtbelegschaft*)
					verfahrene Schichten im Jahr	Jahresarbeitsverdienst einschl. der Gefälle und bei unterirdischen Arbeitern einschl. 4 Pf.†) für Öl in der Schicht		Schichtverdienst		Jahresleistung	
	t		Mann	v. H.		M.	Pf.	M.	Pf.	t	t
1	2	3	4	5	6	7		8		9	10
1888	6 238 190,850	25 670	21 946	85,49	269,8	893	92	3	31	319,187	243,015
1889	6 083 513,500	27 012	23 217	85,95	268,3	967	50	3	61	293,224	225,215
1890	6 212 539,550	28 928	24 904	86,09	276,3	1155	07	4	18	278,302	214,759
1891	6 389 960,050	29 672	24 535	82,69	291,0	1269	82	4	36	278,090	215,353
1892	6 258 890,275	30 248	25 137	83,10	280,8	1160	79	4	13	267,428	206,919
1893	5 883 177,035	27 919	23 003	82,39	272,1	1035	07	3	80	276,011	210,723
1894	6 591 861,840	30 454	25 144	82,56	283,4	1042	76	3	68	283,314	216,453
1895	6 886 097,839	30 886	25 532	82,67	283,6	1049	54	3	70	292,403	222,952
1896	7 705 670,665	32 768	27 082	82,65	294,3	1096	09	3	72	309,614	235,158
1897	8 258 403,582	34 708	28 532	82,21	295,6	1118	45	3	78	315,399	237,939
1898	8 768 582,069	36 347	29 884	82,22	300,2	1157	24	3	85	320,759	241,246
1899	9 025 072,314	38 470	31 598	82,14	295,7	1163	13	3	93	312,113	234,600
1900	9 397 253,308	40 546	33 654	83,00	291,8	1184	75	4	06	310,089	231,768

*) Einschließlich der Aufsichtsbeamten (bis zum 1. 4. 1889 der oberen Werksbeamten und bis zum 1. 7. 1891 der Steiger und unteren Werksbeamten) sowie der im Dienste eines Unternehmers stehenden Pferdeknechte und der bei der Faktorei und am Hafenamt beschäftigten Arbeiter.

†) Seit 1. 4. 1889.

Tabelle D.

Kalenderjahr	Förderung	Zahl der Arbeiter*)	Auf einen Arbeiter					
			Verfahrene Schichten	Jahresleistung	Leistung auf 1 Schicht	Jahresverdienst (Durchschnittl.-reine Löhne)	Reiner Schichtverdienst	
	t			t	t	M.	M.	Pf.
1	2	3	4	5	6	7	8	
1888	6 238 191	24 402	289	256	0,886	842	2	92
1889	6 083 514	25 666	288	237	0,822	933	3	24
1890	6 212 540	27 528	294	226	0,767	1114	3	79
1891	6 389 960	28 897	292	221	0,756	1137	3	89
1892	6 258 890	29 823	282	210	0,744	1042	3	69
1893	5 883 177	27 536	274	214	0,780	925	3	37
1894	6 591 862	30 070	284	219	0,772	921	3	24
1895	6 886 098	30 531	285	226	0,792	929	3	27
1896	7 705 671	32 396	294	238	0,808	966	3	28
1897	8 258 404	34 248	294	241	0,819	982	3	34
1898	8 768 582	35 856	298	245	0,819	1015	3	40
1899	9 025 072	38 049	295	237	0,805	1019	3	46
1900	9 397 253	40 303	293	233	0,795	1044	3	56
1901	9 376 023	41 923	294	224	0,759	1042	3	54
1902	9 493 667	42 036	295	226	0,766	1053	3	57
1903	10 067 337	43 811	297	230	0,773	1068	3	60

*) Ausschließlich der sämtlichen oberen und unteren Werksbeamten sowie der im Dienste eines Unternehmers stehenden Pferdeknechte, der Kranarbeiter des Hafenamts und der Aufseher.

Tabelle E.

Kalender-jahr	Klasse a. Zahl der Arbeiter	v. H.	Verdienst in der Schicht M.	Jahresarbeitsverdienst M.	Klasse b. Zahl der Arbeiter	v. H.	Verdienst in der Schicht M.	Jahresarbeitsverdienst M.	Klasse c. Zahl der Arbeiter	v. H.	Verdienst in der Schicht M.	Jahresarbeitsverdienst M.
1888	17 338	71,05	3,06	885	3 010	12,34	2,60	785	3 949	16,18	2,55	711
1889	18 460	71,92	3,44	976	3 194	12,45	2,87	879	3 853	15.01	2,70	798
1890	19 851	72,11	4,09	1 180	3 574	12,98	3,23	1 013	3 930	14.28	2,98	906
1891	20 730	71,74	4,21	1 212	3 748	12,97	3,30	1 018	4 228	14,63	3,01	908
1892	17 767	59,58	4,23	1 167	7 370	24,71	2,96	868	4 448	14,91	2,98	869
1893	16 177	58,75	3,83	1 021	6 826	24,79	2,78	794	4 261	15,47	2,84	812
1894	17 734	58,98	3,68	1 020	7 410	24,64	2,65	791	4 488	14,92	2,79	810
1895	18 057	59,14	3,70	1 030	7 475	24,48	2,69	796	4 563	14,95	2,80	826
1896	19 308	59,60	3,73	1 079	7 774	24,00	2,67	821	4 795	14,80	2,76	826
1897	20 497	59,85	3,80	1 101	8 035	23,46	2,69	838	5 129	14,98	2,77	820
1898	21 493	59,94	3,90	1 146	8 392	23,41	2,70	855	5 261	14,67	2,82	839
1899	22 911	60,22	3,99	1 158	8 687	22,83	2,72	842	5 507	14,47	2,86	846
1900	24 047	59,66	4,11	1 193	9 607	23,84	2,83	837	5 368	13,32	3,00	921
1901	24 517	58,48	4,09	1 191	10 322	24,62	2,89	855	5 610	13,38	3,01	929
1902	24 973	59,41	4,07	1 189	10 017	23,83	2,93	869	5 935	14,12	3,01	929
1903	25 908	59,14	4,12	1 213	10 589	24,17	2,94	878	6 073	13,86	3,04	938

Tabelle F.

Etatsjahr	Verdientes Nettolohn der Hauer für 1 wirklich verfahrene Schicht (seit 1900 abzügl. der Gefälle)							Summe
	unter 3,40 M. v. H.	3,40 M. bis ausschl. 3,80 M. v. H.	3,80 M. bis ausschl. 4,00 M. v. H.	4,00 M. bis ausschl. 4,40 M. v. H.	4,40 M. bis ausschl. 4,80 M. v. H.	4,80 M. bis ausschl. 5,00 M. v. H.	5,00 M. und darüber v. H.	v. H.
1893	1,87	21,70			72,46		3,97	100
1894	2,03	10,31	13,60		70,71		3,35	100
1895	0,73	7,09	12,11		75,70		4,37	100
1896	0,38	5,24	9,63	38,42	32,78	7,61	5,94	100
					78,81			
1897	0,23	2,75	6,51	34,36	35,86	10,97	9,32	100
					81,19			
1898	0,17	1,89	5,14	28,95	37,97	13,40	12,48	100
					80,32			
1899	0,09	0,57	2,00	20,73	39,67	16,69	20,25	100
					77,09			
1900	0,33	3,35	7,81	32,92	33,01	9,75	12,83	100
					75,68			
1901	0,70	4,59	9,01	34,49	32,42	9,17	9,62	100
					76,08			
1902	0,76	5,04	9,43	35,45	33,29	8,57	7,46	100
					77,31			
1903	0,16	2,25	7,00	35,29	36,36	10,21	8,73	100
					81,86			

Übersicht
Tabelle G.
der Jahresdurchschnittspreise von Bodenerzeugnissen auf den Marktorten St. Johann-Saarbrücken für die Tonne.

Jahr	Für 1 Tonne				Jahr	Für 1 Tonne			
	Weizen M.	Roggen M.	Hülsenfrüchte (Erbsen) M.	Kartoffeln M.		Weizen M.	Roggen M.	Hülsenfrüchte (Erbsen) M.	Kartoffeln M.
1815	178,8	134,5	144,1	67,0	1860	238,1	181,5	168,2	65,8
1816	318,8	256,3	176,4	57,3	1861	257,1	193,5	164,5	61,8
1817	453,6	347,0	284,8	92,3	1862	244,8	175,8	162,3	49,3
1818	249,5	206,3	202,5	57,0	1863	217,9	152,0	129,8	38,0
1819	166,7	137,5	138,2	44,5	1864	190,2	132,0	149,8	54,5
1820	136,4	108,3	113,6	34,0	1865	176,9	132,0	205,0	48,3
1821	132,1	99,0	92,7	32,5	1866	209,0	145,5	168,6	41,8
1822	131,9	106,3	85,0	28,0	1867*	310,71	234,50	199,32	63,25
1823	145,7	123,0	100,0	59,5	1868*	228,81	162,50	213,18	36,00
1824	114,0	77,5	70,0	36,0	1869*	201,90	176,25	115,00	47,00
1825	106,9	80,0	76,1	21,0	1870*	297,62	232,50	386,36	75,75
1826	118,8	101,8	98,6	34,3	1871*	285,95	184,50	186,59	74,50
1827	157,6	128,3	108,4	42,0	1872*	255,80	165,80	172,60	61,00
1828	200,2	157,0	123 6	37,0	1873*	310,00	245,00	260,00	62,00
1829	190,7	149,5	110,9	23,8	1874*	205,00	195,00	nicht veröffentlicht	44,80
1830	193,6	148,0	136,1	43,5	1875*	220,00	160,00	400,00	56,00
1831	224,5	182,5	160,9	47,8	1876	230,6	175,4	364,4	75,6
1832	236,2	194,0	162,0	40,8	1877	269,0	194,6	360,0	83,2
1833	151,4	127,0	121,8	24,5	1878	230,7	171,4	348,3	67,4
1834	123,1	96,8	98,4	14,5	1879	221,7	190,0	350,8	75,4
1835	136,2	108,8	105,2	25,5	1880	274,2	234,8	385,1	65,6
1836	137,9	110,0	109,8	27,3	1881	285,3	238,1	417,1	53,3
1837	170,7	135,3	123,2	19,5	1882	238,3	182,3	430,0	52,7
1838	179,3	137,5	141,6	20,8	1883	212,1	156,5	nicht veröffentlicht	66,5
1839	211,0	145,3	137,5	19,3	1884	197,5	157,7	257,5	54,0
1840	191,4	149,8	115,5	42,0	1885	188,1	157,5	237,7	40,9
1841	165,2	114,0	110,0	19,5	1886	188,5	150,4	235,4	48,8
1842	209,3	148,0	104,1	37,3	1887	193,5	151,4	240,4	67,9
1843	225,0	169.8	125,7	44,0	1888	204,2	158,3	240,8	65,2
1844	176,2	124,8	92,7	23,8	1889	209,6	171,3	263,3	54,8
1845	196,0	156,8	125,2	32,3	1890	213,3	175,0	242,5	53,2
1846	289,5	182,3	217,7	63,5	1891	236,3	216,8	269,1	86,4
1847	317,1	264,0	246,1	70,8	1892	208,5	192,5	307,9	80,0
1848	164,8	122,5	153,4	32,5	1893	165,0	147,1	303,3	58,3
1849	154,5	107,8	102,0	41,8	1894	151,5	122,3	274,0	54,7
1850	141,2	104,3	89,1	32,0	1895	145,4	123,7	266,5	58,1
1851	178,1	148,0	114,5	46,8	1896	155,7	134,7	270,0	52,1
1852	211,7	172,5	161,4	52,0	1897	175,5	142,6	263,3	54,7
1853	253,1	196,8	164,5	57,0	1898	200,2	165,1	263,3	67,8
1854	338,8	276,8	129,8	84,5	1899	184,0	163,7	262,5	68,6
1855	323,6	267,5	208,0	70,8	1900	183,6	163,3	262,5	62,5
1856	307,1	237,3	160,9	58,5	1901	192,6	167,3	262,5	66,6
1857	322,4	188,3	183,6	62,8	1902	197,0	166,9	340,6	67,9
1858	177,9	146,5	181,4	48,5	1903	178,4	155,4	341,3	73,0
1859	183,1	134,5	179,8	42,0					

* Martinimarktpreise.

Tabelle H.

Übersicht
der Jahresdurchschnittspreise von Lebensmitteln auf dem Marktorte Saarbrücken-St. Johann für 1 Kilogramm.

Jahr	Für 1 Kilogramm						
	Weizen-mehl	Roggen-mehl	Rind-fleisch	Schweine-fleisch	Geräuch. Speck	Essbutter	Schweine-schmalz
	M.	M.	M.	M.	M.	M.	M.
1862*)	0,39	0,24	0,80	1,00	1,60	1,60	1,60
1863*)	0,35	0,20	0,80	1,00	1,60	1,90	1,60
1864*)	0,34	0,20	0,80	0,90	1,50	2,00	1,60
1865*)	0,35	0,20	0,80	0,90	1,50	2,20	1,60
1866*)	0,42	0,24	0,80	0,90	1,50	1,80	1,60
1867*)	0,54	0,34	1,00	1,00	1,50	1.90	1,60
1868*)	0,42	0,37	1,00	1,20	1,60	2,30	1,60
1869*)	0,42	0,35	1,00	1,20	1,60	2,10	1,60
1870*)	0,50	0,38	1,20	1,40	2,00	2,36	2,00
1871*)	0,44	0,31	1,20	1,30	1,80	2,22	1,60
1872*)	0,50	0,40	nicht veröffentlicht	1,40	1,66	2,62	1,80
1873*) ...	0,60	nicht veröffentlicht		1,40	1,60	2,60	1,70
1874*)	0,52	0,40	1,08	1,28	2,00	2,68	2,00
1875*)	0,56	0,40	1,20	1,26	1,96	2,36	1,90
1876	0,53	0,39	1,14	1,40	1,99	2,61	2,00
1877	0,56	0,41	1,31	1,46	2,00	2,70	1,99
1878	0,55	0,39	1,33	1,38	1,97	2,39	1,97
1879	0,56	0,40	1,18	1,23	1,85	2,40	1,95
1880	0,54	0,43	1,17	1,34	1,88	2,39	1,99
1881	0,54	0,40	1,11	1,40	2,01	2,39	2,03
1882	0,46	0,32	1,19	1,39	1,88	2,35	1,92
1883	0,41	0,31	1,28	1,39	1,90	2,32	1,73
1884	0,41	0,30	1,23	1,20	1,79	2,24	1,70
1885	0,39	0,31	1,16	1,25	1,77	2,13	1,77
1886	0,36	0,30	1,08	1,20	1,70	2,15	1,69
1887	0,39	0,32	1,04	1,20	1,65	2.17	1,71
1888	0,46	0,34	1,15	1,26	1,75	2,24	1,69
1889	0,50	0,36	1,18	1,47	1,80	2,39	1,89
1890	0,49	0,38	1,30	1,60	1,92	2,39	1,85
1891	0,46	0,36	1,25	1,34	1,80	2,43	1,66
1892	0,45	0,35	1,19	1,37	1,77	2,43	1,67
1893	0,43	0,32	1,16	1,37	1,80	2,60	1,61
1894	0,36	0,25	1,31	1,44	1,80	2,49	1,67
1895	0,32	0,20	1,32	1,39	1,66	2,25	1,66
1896	0,32	0,20	1,32	1,22	1,60	2,11	1,60
1897	0,33	0,21	1,20	1,26	1,42	2,18	1,60
1898	0,39	0,26	1,21	1,47	1,60	2,24	1,60
1899	0,36	0,26	1,20	1,43	1,60	2,28	1,60
1900	0,35	0,27	1,18	1,40	1,57	2,26	1,56
1901	0,35	0,27	1,22	1,51	1,67	2,37	1.63
1902	0,35	0,27	1,29	1,63	1,80	2,45	1,76
1903	0,35	0,27	1,29	1,51	1,77	2,25	1,80

*) Martinimarktpreise.

Additional material from *Die Steinkohlenbergbau des Preussischen Staates in der Umgebung von Saarbüchen,* ISBN 978-3-662-32503-2, is available at http://extras.springer.com